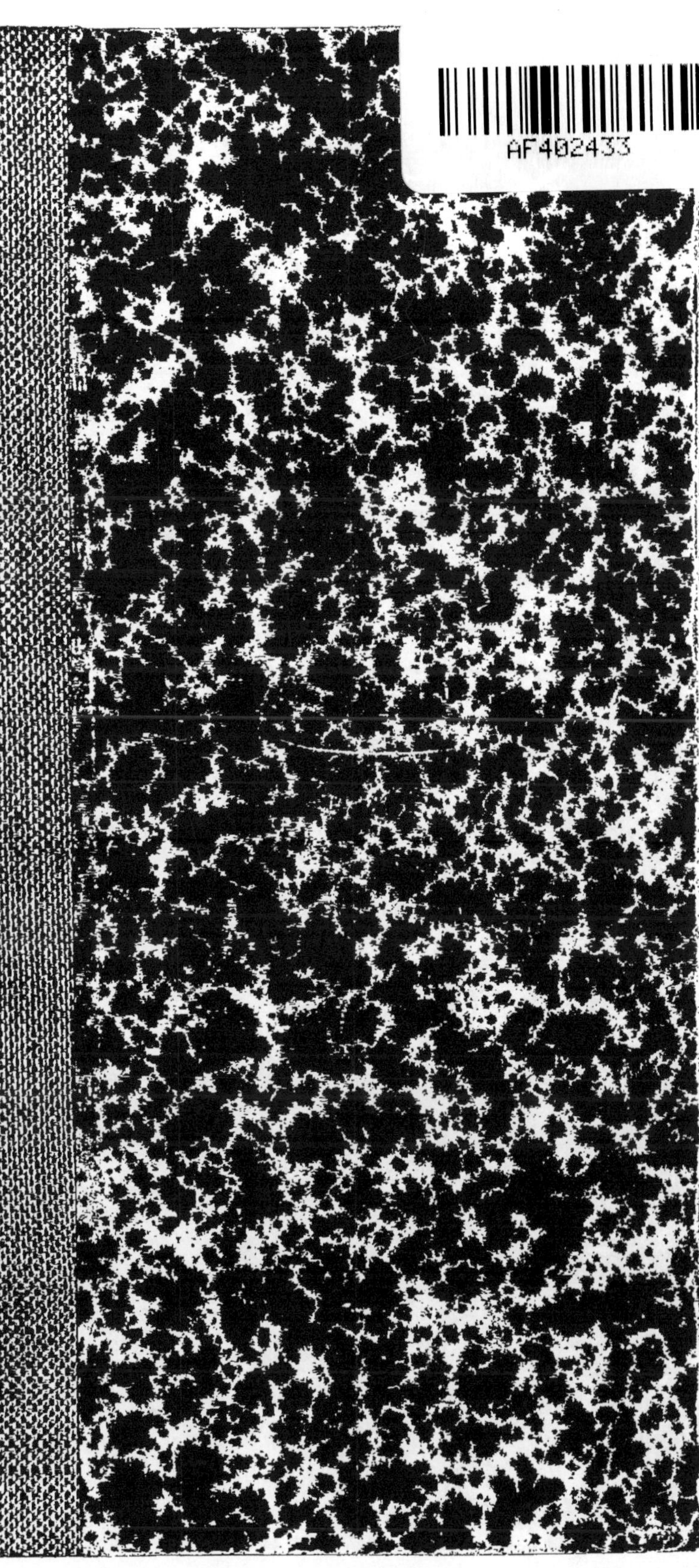

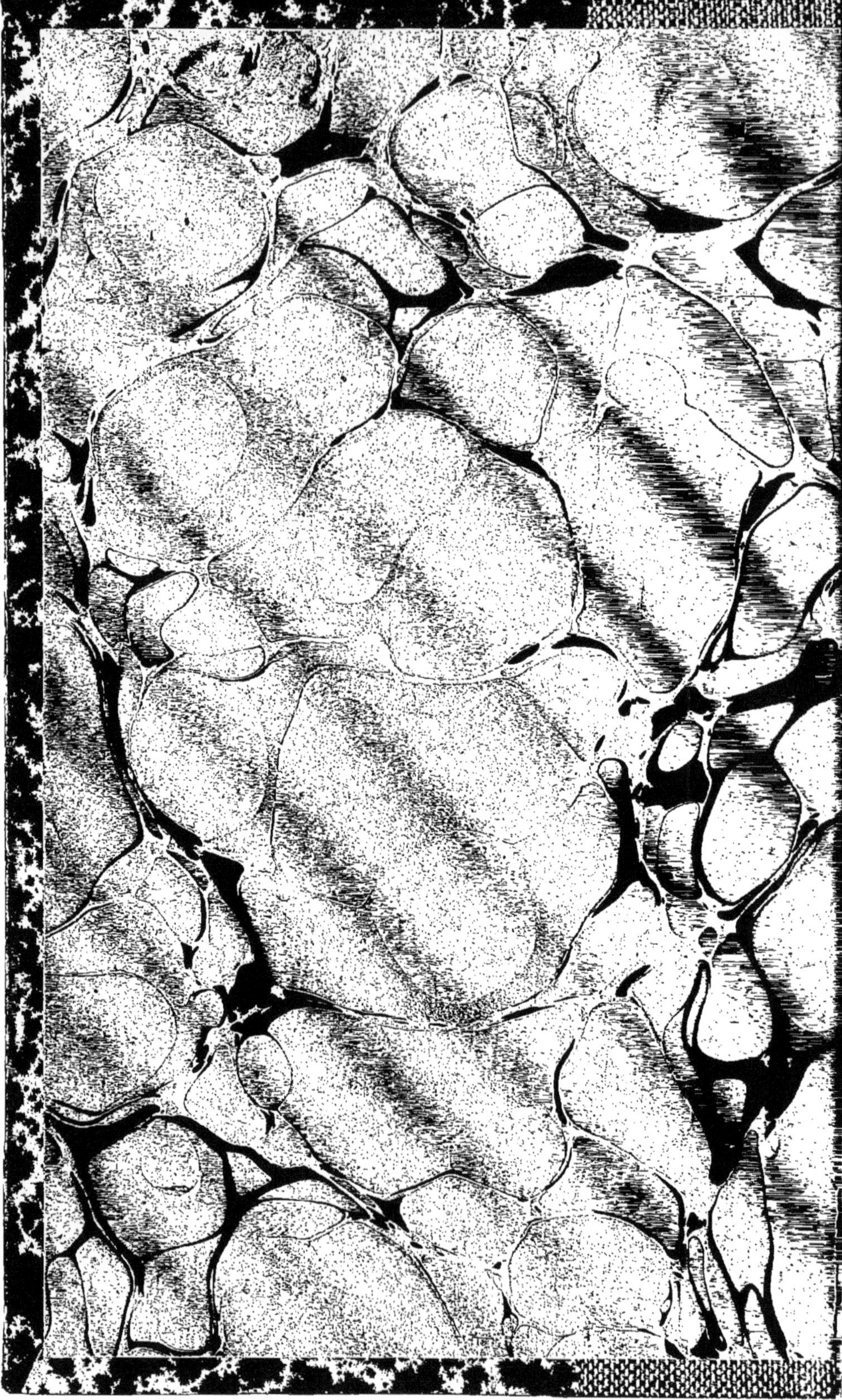

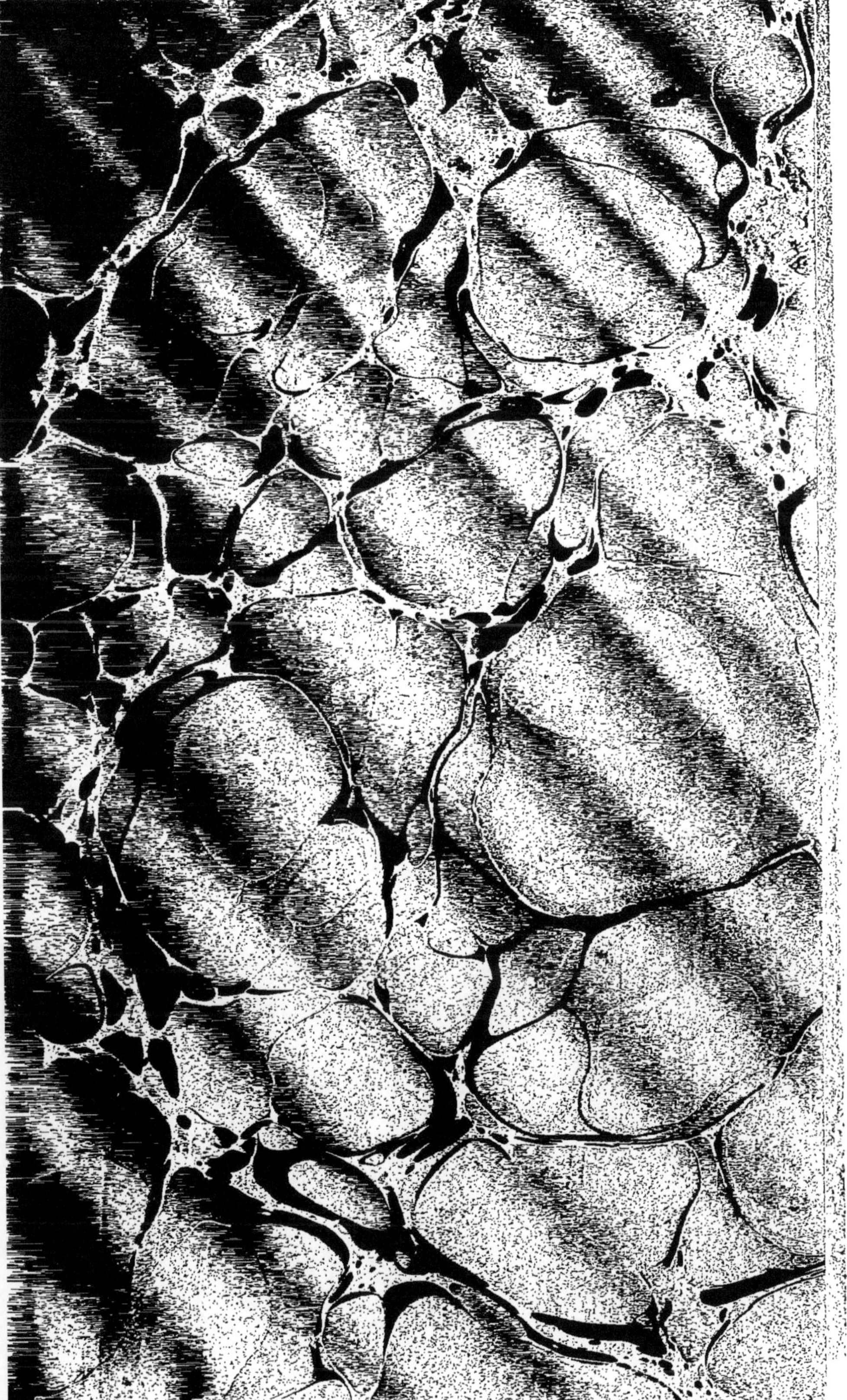

J. Boulanger

LETTRES

SUR

L'EXPOSITION UNIVERSELLE

DE LONDRES,

PRÉCÉDÉES D'UN PRÉAMBULE

ET SUIVIES

DU RAPPORT PRÉSENTÉ A L'INSTITUT NATIONAL DE FRANCE

PAR M. BLANQUI,

MEMBRE DE L'INSTITUT,

PROFESSEUR AU CONSERVATOIRE DES ARTS ET MÉTIERS,

DIRECTEUR DE L'ÉCOLE SUPÉRIEURE DU COMMERCE.

PARIS,

CAPELLE, LIBRAIRE-ÉDITEUR,

RUE SOUFFLOT, 16,

PRÈS LE PANTHÉON.

1851

LETTRES

SUR

L'EXPOSITION UNIVERSELLE

DE LONDRES.

La Librairie Capelle est destinée aux publications d'Économie politique, de Philosophie, d'Histoire et de Législation.

Paris, Typographie Plon frères, 36, rue de Vaugirard.

LETTRES

SUR

L'EXPOSITION UNIVERSELLE

DE LONDRES,

PRÉCÉDÉES D'UN PRÉAMBULE

ET SUIVIES

DU RAPPORT PRÉSENTÉ A L'INSTITUT NATIONAL DE FRANCE ;

Par M. BLANQUI,

MEMBRE DE L'INSTITUT,
PROFESSEUR AU CONSERVATOIRE DES ARTS ET MÉTIERS,
DIRECTEUR DE L'ÉCOLE SUPÉRIEURE DU COMMERCE.

PARIS,

CAPELLE, LIBRAIRE-ÉDITEUR,

RUE SOUFFLOT, 16,

PRÈS LE PANTHÉON.

1851.

AU LECTEUR.

« The greatest of Britain's sons are of the
» people; and if they rise, they owe their
» elevation to the assiduous cultivation of
» their own minds, and the tireless industry
» of their own hands. »

(Notice sur M. Paxton).

N'oubliez jamais, ami lecteur, que la pensée
de l'Exposition universelle est née en France,
la contrée mère des expositions, et qu'elle y
a été étouffée à sa naissance par une école
d'hommes qui soutiennent qu'un grand pays
comme le nôtre, où le peuple change de gouvernement tous les quinze ans et se met en
république, quand il est de mauvaise humeur,
n'a pas le droit d'acheter un canif en Angleterre, une carafe en Bohême et un rideau de
fenêtre en Suisse. Notez cela, et voyez combien nous sommes inconséquents. Nous renversons aux dépens de notre fortune et de
notre repos nos vieilles institutions les meilleures, les plus éprouvées; et nous gardons
fidèlement nos octrois, nos douanes, nos tarifs

et nos prohibitions. Nous chassons nos vieux
rois comme des laquais, sans pitié pour l'âge,
sans respect pour les services, et nous n'en-
trons pas une fois dans cette bonne ville de
Paris, où se passent les belles choses qui nous
rendent si fiers, sans qu'on ouvre nos malles, si
nous en avons les clefs, et sans qu'on les en-
fonce, si nous ne les avons pas.

Que si, au lieu de venir de la banlieue, vous
arrivez par hasard de Suisse ou d'Italie, ce n'est
pas à la barrière qu'on visite vos valises, c'est
à la frontière. Rien n'échappe de vos poches
d'hommes libres aux familiarités des agents de
la douane, et ceux-ci peuvent même se donner
la satisfaction de vous déshabiller du haut jus-
ques en bas, si bon leur semble, c'est-à-dire si
vous êtes suspects d'apporter à vos femmes ou
à vos filles quelques mètres de dentelles ou quelque fichu prohibé. Or, sachez qu'ils le sont presque tous, intelligents démocrates que vous êtes,
et que c'est une de vos prérogatives civiques
de contempler les produits étrangers à l'étranger, mais non de les introduire dans votre patrie, quand même ils viendraient en ligne droite
d'une république démocratique.

Le petit livre que je publie est destiné à vous
édifier sur les vertus du système qui vous traite

comme vous le méritez, puisque, au lieu de faire des réformes utiles, graduelles, pratiques, vous préférez mettre de temps en temps le feu à l'Europe et courir après les utopies qui vous ruinent, plutôt que de marcher, comme vos voisins, vers les réalités qui donnent aux peuples sensés la fortune et la grandeur. Cependant, si, quelque jour, entre deux accès de folie politique, il vous prenait une fantaisie raisonnable, le souvenir de cette belle exposition de Londres pourra vous être utile, et j'ai voulu vous la raconter pour me distraire des tristes impressions que votre dernière révolution m'a laissées.

Quand l'idée de cette Exposition, éclose en France, eut été repoussée selon l'usage, parce qu'elle était bonne, il s'est trouvé en Angleterre un prince résolu à s'en emparer et à la mener à bonne fin. Le prince Albert a réuni autour de lui quelques hommes de talent, qui en ont compris toute la portée, et sa haute persévérance a fait le reste. On a ouvert un concours pour la construction du palais [1] destiné à recevoir tant de merveilles. Quoique l'on

---

[1] L'histoire vraiment curieuse de la construction du Palais de cristal vient de paraître à Londres sous ce titre : *The crystal Palace, its architectural history and constructive marvels*, by *Peter Berlyn and Ch. Fawler*, in-8° avec planches.

n'eût accordé qu'un mois aux concurrents, il ne s'en présenta pas moins de 233, dont 37 de France, 2 de Belgique, 3 de Hollande, 1 du Hanôvre, 1 de Naples, 2 de Suisse, 1 de la Prusse Rhénane, 1 de Hambourg, 128 de Londres et ses environs, 51 des comtés; 6 d'Écosse, 3 d'Irlande et 7 anonymes. Un des projets avait pour auteur une femme. Mais au moment où la commission d'examen appelée à les juger venait de se prononcer, le jardinier, aujourd'hui célèbre, du duc de Devonshire, M. Paxton, imagina qu'on verrait plus clair dans un Palais de cristal que dans une enceinte de murailles, et il proposa le sien. Ce projet, appuyé par M. Stephenson, soumissionné par deux habiles constructeurs, MM. Fox et Henderson, et cautionné par le patriotisme de quelques riches souscripteurs, a prévalu. Une seule usine a coulé trois ou quatre mille colonnes de fonte; une autre a fourni *neuf cent mille pieds carrés de vitres,* et cette merveilleuse enceinte *de* 33 *millions* de pieds cubes s'est élevée comme par enchantement en moins de cinq mois.

Une fois le palais construit et les difficultés vaincues, l'Angleterre a fait appel au monde entier. De tous les points de l'horizon, chaque peuple est accouru. Du fond de la Russie, de la Chine, de l'Australie, d'un pôle à l'autre, tout le monde s'est présenté au rendez-vous, et c'est justice de reconnaître que nous y sommes arrivés les derniers. Mais, grâce à Dieu, la France est toujours la France, et personne n'a rien perdu pour l'attendre. Elle a été plus admirable que jamais, quoique toute meurtrie du choc des révolutions; elle a été reine régnante dans ce congrès des nations industrielles, qui vient de lui rendre sa couronne.

Les Anglais avaient une tâche délicate à remplir, pour la composition du grand jury mixte appelé à prononcer sur la valeur de tant de produits et sur une armée de dix-huit mille exposants. Comme ils représentaient à eux seuls la moitié de ce nombre, ils ont fourni la moitié des juges; l'autre moitié a été choisie parmi les commissaires de toutes les nations. Le sénat tout entier a compté environ trois cents membres, qui se sont divisés en trente sections, concentrées dans les six grandes familles suivantes : I, matières premières; II, machines; III, fabriques de tissus; IV, métaux, cristaux et poteries; V, manufactures diverses; VI, beaux-arts. Un conseil supérieur, formé des présidents des trente sections, a fait fonction d'état-major général. Un comité d'exécution n'a cessé d'im-

primer l'action la plus vive à toutes les sections,
et a été investi, dès l'origine, du commande-
ment supérieur et du droit d'ordonner toutes les
mesures nécessitées par les circonstances.

Il faut avoir vu marcher ce service, pour
apprécier les avantages de l'ordre admirable
dont le peuple anglais a donné l'exemple au
monde, pendant toute la durée de l'exposition.
Les jurés, les chefs, les employés, tous ont
fait leur devoir avec une exactitude, une ponctualité, une politesse remarquables. Tout a été
exécuté avec la sévérité d'une consigne militaire, sans bruit, sans vaines paroles, sans ré-
sistance de la part de qui que ce soit. L'exposition a été ouverte et fermée à l'heure indiquée,
et ces promenades de cinquante mille hommes
par jour au milieu d'un amas de richesses éva-
luées à plus de 500 millions de francs, n'ont
donné lieu à aucun accident grave, ni même à
un vol de quelque importance. Que ceux de
nos ouvriers qui se plaisent à faire des révolutions inutiles, et qui ont vu l'exposition de Londres, se souviennent de ce qu'ils y ont observé,
et elle n'aura pas été pour eux seulement une
occasion rare d'études et d'informations, mais
une véritable école de philosophie et de morale.

Le gouvernement anglais aussi a fait son devoir, en accordant des témoignages de sa munificence à tous les hommes qui ont concouru au succès de cette grande exposition. Le jardinier qui a conçu l'idée du Palais de cristal a été nommé baronnet, et il marche de pair avec les ducs de Devonshire. Le colonel Reid a été nommé gouverneur de Malte. M. Cubitt, M. Playfair, ont reçu des titres de noblesse. Tous les autres collaborateurs du prince Albert n'ont pas été moins bien traités par leur souveraine, et les plus modestes employés ont eu leur part dans la distribution des récompenses.

Il restera de ce grand événement des souvenirs durables à tous les hommes qui en ont été les témoins. Pour moi, qui viens de passer près de deux mois au foyer de tant de lumières, voyageur initié par plus de dix voyages aux mœurs et aux travaux du peuple anglais, j'ai eu aussi ma récompense : La collection des lettres que je vous offre, ami lecteur, quoique improvisées en courant, a obtenu à Londres les honneurs d'une publication à *cent mille* exemplaires, grâce à mon traducteur, M. Berlyn, que j'en remercie cordialement.

Je remercie également, au nom de mes compatriotes, notre digne commissaire général, M. Sallandrouze, qui s'est donné à leur profit

des peines infinies, et qui a montré dans des
négociations souvent délicates, un tact et une
habileté remarquables. Personne n'a apprécié
de plus près que moi les services qu'il a rendus aux exposants français et la sollicitude infatigable avec laquelle il a veillé à leurs intérêts. Sa maison a été le rendez-vous habituel
des commissaires de toutes les nations, et le
centre véritable de toutes les informations où l'industrie et les sciences n'ont cessé de se rencontrer. Quand notre succès a été proclamé par la
haute décision du jury, c'est encore lui qui a
eu l'insigne honneur de recevoir pour la France
leurs derniers compliments et leurs derniers
adieux

Je vous fais les miens.

L'Auteur.

LETTRES

SUR

L'EXPOSITION UNIVERSELLE

DE LONDRES.

PRÉAMBULE,

PLUS UTILE A LIRE QUE LE LIVRE.

Le petit livre que je publie aujourd'hui sur l'exposition universelle de Londres ne saurait être considéré comme une description, ni même comme un aperçu capable de satisfaire les hommes qui désirent connaître les machines, les procédés nouveaux, les produits des arts industriels, réunis de tous les points du monde à cette grande fédération. Ce petit livre est l'œuvre d'un économiste plutôt que d'un technologue, et il ne dispensera personne d'étudier dans les rapports officiels la partie spéciale du sujet, c'est-à-dire tout ce qui

1

concerne les sciences mécaniques et chimiques appli-
quées aux arts. Non que l'auteur soit étranger à ces
applications dont il n'a cessé de faire l'étude pendant
toute sa vie et dans le cours de ses nombreux voyages;
mais il a cru devoir, cette fois, borner son travail aux
considérations économiques, neuves et importantes,
qui devaient jaillir d'un événement sans précédent
dans le monde, et qui sera plus fertile qu'on ne pense
en conséquences politiques.

Une circonstance toute particulière a motivé cette
détermination. Au moment même où l'exposition universelle démontrait d'une manière si éclatante tous les
avantages d'un rapprochement commercial entre les
peuples et la nécessité d'abaisser les barrières qui les
séparent, une recrudescence violente de prohibition
s'est manifestée en France sous le gouvernement républicain, ajoutant cette calamité à tant d'autres bien
faites pour affliger les amis sincères et éclairés du pays.
On dirait que la vue de toutes les richesses échangea-
bles du globe et la certitude désormais acquise du bon
marché de tant de productions offertes à l'espèce
humaine par la bonté infinie du Créateur, ont donné
le vertige à certains hommes. C'est sous l'empire d'une
constitution populaire, issue du suffrage universel,
qu'une assemblée française vient de proclamer implicitement, *sans distinction d'opinion,* faut-il le dire,
que le bas prix des choses était un malheur public, et

qu'il fallait conjurer ce malheur par des taxes élevées ou par des prohibitions indéfiniment prolongées.

Ainsi, ce qui n'était soutenu naguère que par quelques intéressés honteux, et comme mesure transitoire, tend à devenir une espèce de dogme consacré par les grands pouvoirs de l'État, et notre pays, accoutumé de tout temps à donner aux nations étrangères l'exemple des idées libérales, rétrograde aujourd'hui de plus d'un siècle vers un régime abandonné de l'Espagne elle-même, de l'Autriche et de toute l'Europe. Des hommes d'État éminents ont osé soutenir, à la face d'un peuple qui se croit souverain, que son intérêt est de payer fort cher ce que la Providence a prodigué partout à bon marché, et les représentants de ce peuple ont trouvé de telles doctrines toutes naturelles... Heureusement, les assemblées politiques ne sont pas des conciles, ni leurs décisions des articles de foi. Nous avons vu trop souvent les actes de ces assemblées infirmés par elles-mêmes ou mis à néant par les événements pour concevoir, à propos des hérésies économiques dont nous sommes témoins, des inquiétudes sérieuses et durables.

L'expérience des peuples, les lois éternelles du commerce, les chemins de fer, la navigation à la vapeur, la paix générale, conspirent de toutes parts en faveur de *l'ordre naturel,* troublé par les saturnales révolutionnaires et économiques de ce temps-ci. Il n'est individualité si haute, ni puissance si absolue, républicaine ou monarchique, qui puisse prévaloir contre les nécessités et les droits imprescriptibles de la société humaine. Le premier de ces droits est celui d'échanger librement les produits créés par le travail de chacun de ses membres, et de vivre de ce travail au meilleur marché possible : toute tentative ayant pour but d'entraver l'exercice d'un tel droit, sera considérée un jour comme criminelle, au même chef que les attentats ordinaires contre l'ordre social. J'admire ces peuples d'aujourd'hui qui se repaissent de vaines paroles, d'utopies, de scrutins perpétuels, et qui cherchent dans des agitations sans fin l'amélioration de leur sort, que la Providence a mise à la portée de tous, sous forme d'abondance, tandis que d'ambitieux tribuns s'évertuent à prêcher et à organiser la disette.

L'exposition universelle de Londres était pour nous, économistes, qui sommes du vieux temps, c'est-à-dire du temps où l'on voulait un peu moins de liberté et où l'on y tendait davantage, une occasion favorable d'études et d'observations, dans laquelle nous avions pleine espérance. Nous attendions avec l'impartialité, j'ai presque dit avec la sérénité de la science elle-même, impassible au fracas comme au verbiage des révolutions, les conséquences de cette grande expérience. Cette grande expérience s'est faite, en présence du monde entier convié à y prendre part, et le monde est encore ému du spectacle éblouissant de tant de nations, riches et pauvres, accourues à l'appel de la Grande-Bretagne.

Jamais, peut-être, les admirables lois providentielles qui régissent le monde ne s'étaient révélées avec plus d'ampleur et de magnificence à tous les regards, et jamais on n'avait vu des scènes plus religieuses que celles du mouvement continuel de choses et d'hommes convoqués en assemblée de famille à ce fameux palais de cristal. Chaque peuple y a fourni son tribut, et pour la première fois on a pu s'assurer que le ciel même le plus inclément n'avait privé aucun d'eux d'une part appréciable de richesse et d'utilité dans la contribution commune. Les Esquimaux, les Lapons, les Haut-Canadiens ont envoyé d'innombrables fourrures, tandis que les habitants des régions plus voisines de l'autre pôle ont expédié, des antipodes même, une foule de produits destinés à opérer de véritables métamorphoses dans les travaux de l'industrie.

L'Australie, jusque-là mystérieusement explorée par quelques voyageurs, est apparue au monde étonné comme une région nouvelle, singulière, étrange, mais riche et féconde, d'où s'échappent tout à coup, comme du cratère d'un volcan inconnu, des produits non moins étranges que le volcan lui-même, et par masses qui semblent inépuisables. La laine de cette contrée vierge, où les moutons pullulent comme les bancs de morues ou de harengs dans certains parages maritimes, cette laine menace de supplanter, à des prix minimes, les laines communes et même plusieurs laines supérieures de l'Europe. La houille y a été découverte en masses suffisantes pour alimenter une civilisation non moins dévorante que la nôtre. Londres a vu exposés des échantillons de cuivre des mines de *Burra-Burra*, aussi riches que celles de Russie, sinon aussi étendues. Les blés de ce second nouveau monde sont d'une variété et d'une beauté incomparables. On y tanne déjà les peaux avec une grande facilité, à l'aide des écorces que fournit le pays. Enfin, les bois durs, colorés et veinés qui peuplent ses forêts, offrent à l'art des constructions et à l'ébénisterie des ressources dont l'Angleterre a déjà fait usage, témoin les meubles vraiment curieux qui ornaient son exposition.

L'Inde, plus ancienne, semble avoir voulu renaître plus originale et plus belle à la voix de la métropole, dont les ordres ont été exécutés avec une ponctualité toute commerciale. Cette partie du continent asiatique a déployé un luxe de richesses extraordinaire; elle a fourni un contingent de matières premières d'une abondance inouïe, les unes textiles, les autres alimentaires, médicinales, oléagineuses, dont le seul catalogue raisonné formerait un volume. Les articles manufacturés ne sont pas moins étonnants, et l'esprit demeure confondu des efforts de talent manuel qu'ont dû nécessiter ces masses de tissus aux mille couleurs, brochés d'or, de perles ou de diamants, et fabriqués par des populations demi-nues, qui vivent d'une vie misérable sous le plus beau climat du monde. Quels contrastes et quels profonds sujets de méditation pour l'économiste! Les mêmes résultats obtenus ici par le travail des machines, là-bas par le travail incessant des hommes! Et pourtant, la richesse et la pauvreté l'une auprès de l'autre, partout!

En ce moment même, tout ce monde oriental est devenu le foyer des questions de l'intérêt le plus saisissant. Les Anglais, inquiets de se voir à la merci des États-Unis pour leurs approvisionnements de coton, demandent à l'Inde des matières textiles nouvelles, et ils tentent d'y naturaliser par des essais persévérants [1] la culture des principales variétés du coton américain. Mais il reste toujours ce problème à résoudre : le coton des États-Unis entrant pour 80 centièmes dans la consommation annuelle des fabriques de la Grande-Bretagne, que deviendraient ces fabriques, qui occupent plus d'un million d'ouvriers et qui produisent pour 1,200 millions de francs de tissus, si la matière première de cette fabrication colossale venait

---

[1] Voyez l'ouvrage du docteur Royle, intitulé : *On the commerce and culture of cotton in India and Elsewhere;* et celui de M. Chapman : *The cotton and commerce in India,* Londres, 1851.

à leur manquer ou même à souffrir quelque réduction importante? Aussi les appréhensions des hommes
d'État anglais, qui sont, heureusement pour ce pays,
d'habiles économistes, leur ont-elles fait rechercher
avec empressement du côté de la liberté ce que leurs
prédécesseurs croyaient avoir trouvé du côté de la
servitude commerciale.

L'Angleterre a parfaitement compris qu'il ne fallait
pas attendre dans une attitude impassible la solution
de ces problèmes redoutables. Elle cherche partout
des débouchés pour ses produits et des sécurités pour
ses matières premières. Elle a commencé par affranchir ses ouvriers du joug de la faim, en abolissant ses
vieilles taxes sur les substances alimentaires; elle les
affranchit peu à peu du fardeau des droits sur les éléments du travail, et en même temps elle s'efforce de
découvrir de nouvelles populations de consommateurs,
soit en ouvrant ses ports au monde entier sans distinction de pavillon, soit en sondant les profondeurs de
l'empire chinois ou en créant dans les terres australiennes des producteurs nouveaux. Il n'est entré dans
la pensée d'aucun homme de bon sens, en ce pays,
qu'une exposition universelle des produits du monde
pût être une simple affaire de curiosité. En appelant
ainsi à ce grand concours les travailleurs du monde
entier, la Grande-Bretagne a eu surtout en vue de
comparer leurs produits, de les bien connaître, d'en

savoir toutes les origines, les prix de revient, et d'agir en conséquence.

C'est en France seulement qu'on a paru redouter ce que nos hommes politiques appellent des *invasions* de produits étrangers. Leur argument habituel consiste à dire en effet que moins un produit étranger est cher, plus il est dangereux. Si demain nous apprenions la découverte de quelque plante oléagineuse plus riche que le colza, l'œillette ou l'olive, il faudrait la proscrire ou la charger de droits. Si quelque matière textile menaçait le chanvre ou le lin, au risque de fournir des vêtements économiques au dernier indigent, sans doute il faudrait l'exclure aussi : telle est la doctrine préconisée par les fortes têtes qui inspirent la politique commerciale de notre pays. Aux yeux de ces hommes habiles, l'exposition universelle de Londres devait paraître une opération suspecte, un terrain hérissé de piéges, sur lequel il serait dangereux de s'engager.

Cependant, l'exposition une fois ouverte, il a bien fallu y prendre part, sous peine de perdre son rang dans le monde, et c'est alors que nous avons assisté à un spectacle qui mérite attention. Nous avons vu l'Europe entière en admiration devant les produits de l'industrie française, tandis que cette même industrie, représentée par quelques-uns de ses fabricants les plus intraitables, se faisait modeste et fragile pour avoir le droit de rester fiscale et protégée. Nous avons voulu être à la fois les premiers et les derniers : les premiers pour avoir des récompenses, les derniers pour garder nos tarifs. Tel qui réclamait timidement comme une faveur, il y a dix ans déjà, une protection de cinq ans, exige aujourd'hui comme un droit la prohibition éternelle. Les progrès que nous avons faits, au lieu de compter comme élément d'amélioration dans la voie des réformes de douanes, n'ont figuré que pour mémoire au bilan de cette grave question, et nous en sommes presque revenus, devant le monde ouvert par la vapeur, aux errements et aux doctrines du blocus continental.

L'exposition de Londres a fait ressortir, en dépit des intérêts contraires, la vanité impuissante de ces tentatives d'un autre âge. Là, chacun a pu voir par ses propres yeux l'infinie variété de produits que la Providence a mis à la portée du genre humain tout entier. Chacun sait à présent que rien ne manquerait à l'homme sur cette terre où il se trouve parfois à l'étroit et sur laquelle on le plaint souvent d'être né, s'il ne travaillait lui-même par de mauvaises lois ou de *mauvaises mœurs politiques* à défaire l'œuvre de Dieu. Tandis qu'à Buenos-Ayres la viande de bœuf abonde au point qu'on est obligé de la perdre et de ne tirer du bétail que des cuirs et des suifs, ici nos paysans mangent maigre à peu près toute l'année, et nos vignerons ont peine à vendre leurs gros vins

10 centimes le litre. Il est bon de faire savoir aussi que plus certains produits sont parfaits au dehors, plus ils sont prohibés au dedans. Nous prohibons les fontes ouvrées de Berlin, de Birmingham, de Sheffield, qui sont des chefs-d'œuvre d'élégance, d'utilité et de bon marché. Nous prohibons les couteaux qui coupent en faveur des couteaux qui ne coupent pas. Nous chargeons de droits énormes le fer et l'acier, qui sont la matière première de tous les outils existants, et nous applaudissons les orateurs qui prouvent aux ouvriers que cette cherté *est pour leur bien*. Peu s'en faut que les gens qui essayent de prouver le contraire ne soient considérés comme des ennemis publics.

L'exposition universelle de Londres n'aura pas peu contribué à réduire à leur juste valeur les arguments de ce régime que certains intérêts coalisés affichent la prétention d'éterniser parmi nous. Ces intérêts agissent exactement comme faisaient avant la révolution de 1848 d'autres privilégiés, électeurs ceux-là, qui se refusaient à de modestes adjonctions, et qui subirent quelques jours plus tard le suffrage universel. Il ne faut pas croire que le peuple français, si athénien qu'il puisse être et disposé à se payer de mots, consente à supporter longtemps le joug des prohibitions, des privations, des visites corporelles, et toutes les autres vexations qui lui sont imposées, moins dans l'intérêt du trésor public que dans celui de quelques manufacturiers privilégiés. Tout le monde sait maintenant à quoi s'en tenir sur le système protecteur : c'est la taxe de l'opulence levée aux dépens de la pauvreté, je le dis hardiment. Quand l'exposition de Londres n'aurait fait que mettre cette vérité en relief par la comparaison des prix, elle aurait rendu un service immense à notre pays et à l'humanité.

Mais cette exposition en aura rendu bien d'autres : elle n'aura pas mis en vain sous les yeux des nations les moyens que chacune d'elles possède de se procurer ce qu'elle ne produit pas. Elle aura fait voir à quoi tiennent la supériorité des uns et l'infériorité des autres, ce qui ouvre les débouchés et ce qui les ferme; elle aura démontré la tendance suprême, irrésistible et définitive de toutes ces voies de communication, de toutes ces visites de peuple à peuple, qui ne sauraient aboutir au désert ou au vide, et qui ne permettront plus aux princes de la tribune de nous faire lâcher la proie pour l'ombre, et de transformer l'abondance en disette.

Les lettres qui forment la première partie de ce volume ont déjà été publiées dans le journal *la Presse,* qui défend aujourd'hui des convictions politiques bien différentes des miennes, mais avec lequel je suis d'accord sur un point essentiel, sur la liberté du commerce. En d'autres temps, j'ai échangé avec M. de Girardin, le fondateur et l'âme de cette feuille remarquable, une correspondance publique fort animée sur le même sujet. M. de Girardin n'était réellement en désaccord avec moi que sur l'opportunité d'une réforme économique. L'accueil qu'il a bien voulu faire à mes nouvelles lettres me prouve que, selon lui, les temps sont à la fin venus, et que le jour où la lutte parlementaire s'ouvrira de nouveau, il ne sera pas défaut à cette noble cause du bon marché de la vie et de la bonne économie du travail. Un de mes plus grands étonnements, depuis l'avénement si imprévu du régime républicain, a été de voir que les hommes qui se donnent pour les seuls amis du peuple aient presque tous défendu les lois de restriction et de prohibition qui ruinent le peuple et qui le maintiennent en grande partie dans la condition peu brillante dont la liberté commerciale aiderait à le faire sortir.

J'ai toujours eu peine à comprendre aussi comment nos malheureux agriculteurs avaient été enrôlés dans cette croisade intéressée de quelques fabrications contre la liberté du commerce. Ne souffrent-ils pas tous également et du fer qu'on empêche d'entrer, et des vins et des soies qu'on empêche de sortir? Le soc de leurs charrues n'est-il pas en fer et leurs coignées n'ont-elles pas besoin d'acier? Ne consomment-ils pas des faux, des faucilles, des vêtements, des engrais, des poteries, des substances chimiques? Eux si économes et si obligés de l'être, ne comprennent-ils donc pas que, pour une taxe qui les protége mal, il y en a vingt qui les tuent? Est-ce que ce sont les paysans de la Creuse, du Cantal et de la Lozère qui peuvent craindre les bœufs de la Suisse ou du Wurtemberg? Est-ce même le vrai paysan, le paysan travailleur, qui profite de la taxe sur les bestiaux, ou bien les riches et puissants éleveurs du Morvan et du Calvados?

Hélas! j'ai eu depuis deux ans mission de parcourir les quatre-vingt-six départements de la France, et j'ai vu de près, de bien près, des milliers d'habitations de cultivateurs; je me suis assis bien des fois au foyer hospitalier de ces braves gens, et j'ai dressé de nombreux inventaires de leurs chétifs mobiliers. O vérité sainte! quand je pourrai faire entendre ta noble et simple voix, je dirai ce que j'ai vu dans cette longue exploration! Je publierai les inventaires éloquents de la misère rurale, où les générations se succèdent assises de père en fils autour de la même table boiteuse, vêtues de la même bure grossière, mangeant le même pain noir, attendant toujours la même poule au pot qui n'arrive jamais! Heureux hommes d'État, qui couchez rarement *sur la dure,* ne nous dites plus que les droits sur la laine sont protecteurs du pauvre, car je vous montrerais la couverture de son lit, quand il en a une, trop souvent faite *de pièces et de morceaux,* et vous auriez un compte sévère à rendre du droit de 22 pour cent qui pèse sur les laines!

Malheureusement, depuis les événements de 1848, une coterie de révolutionnaires de profession s'est emparée de toutes les questions d'économie politique pour les dénaturer et pour leur appliquer des solutions incendiaires. On n'ose plus, quand on est un ami sincère de l'ordre, aborder franchement ce terrain miné par les aventuriers politiques de notre temps. On renonce à décrire des maux trop réels, de peur de remettre aux mains des flibustiers des armes loyales qui ne servent utilement la cause du pauvre que quand elles sont maniées par d'honnêtes gens. Mais c'est le devoir des honnêtes gens de ne point fermer les yeux à la lumière et de ne pas repousser des réformes utiles, indispensables, quand le moment en est venu.

Le moment nous semblait aujourd'hui plus opportun que jamais. Nous pensions qu'à la suite d'une exposition où la France a brillé d'un éclat sans pareil, il était facile de décider quel degré de soulagement on pourrait accorder aux contribuables, en réduisant, dans des proportions convenables et avec la mesure que les économistes sensés ont toujours voulu y mettre, les taxes fiscales ou protectrices qui pèsent sur tous les produits consommables. Mais la prospérité des industries protégées n'a fait qu'accroître leurs exigences; elles sont devenues âpres et intolérantes comme l'opulence des parvenus. Elles ont profité des désordres de 1848 pour justifier la permanence d'un régime qui n'est plus en harmonie ni avec les progrès de l'industrie elle-même, ni avec ceux de l'opinion, ni avec les besoins publics.

C'est là que nous en sommes. Combien de temps y resterons-nous? Nul ne saurait le dire ; mais les événements marchent d'un pas si rapide que ce qui est juste et légitime ne peut tarder de se réaliser en dépit des obstacles les plus formidables. Le public jugera, après la lecture de ces lettres, et surtout après celle du rapport qui les suit, si l'exposition de Londres doit hâter ce résultat. Nous croyons, nous, que l'Europe n'aura pas assisté en vain à ce congrès pacifique de toutes les industries, et que les leçons qu'il a offertes aux législateurs, aux fabricants, aux commerçants, aussi bien qu'aux économistes et aux hommes d'État, ne seront perdues pour personne. Le peuple français ne voudra pas tenir ses portes fermées au moment où le commerce du monde entier s'apprête à ouvrir celles de la Chine et peut-être à enfoncer celles du Japon.

Et maintenant, puisque j'en trouve ici l'occasion naturelle, il me semble à propos de faire connaître en peu de mots comment cette grande question de la liberté commerciale qui a gagné tant de terrain dans le reste du monde, en a tant perdu en France, surtout depuis la proclamation du régime républicain. Les détails précis et succincts dans lesquels je vais entrer, appartenant de droit à l'histoire de la science, auront quelque chose de la franchise d'une confidence venue de l'autre côté du tombeau ; car, depuis la révolution de 1848, je me suis considéré comme mort à la vie politique. Je n'ai pas cru devoir demander à ceux qui m'avaient jeté, comme député, par la fenêtre, de me faire rentrer par la porte. Je respecte profondément les dévouements qui se sont si lestement remis de cette chute, quelques-uns après l'avoir provoquée, et qui ont trouvé des accents si pathétiques pour célébrer l'avénement d'une république dont ils ont mis petit à petit tous les fondateurs en prison, en vertu du mot profond de Tacite : *Cujus ultor est quisquis successit.* Je n'ai jamais eu tant de dégoût pour la politique que depuis que je l'ai vu faire de près.

Je le répète, j'en suis donc sorti, probablement pour n'y plus rentrer. Je me suis réfugié sur le terrain de la science, et je dois dire qu'après avoir observé d'un œil impartial et d'un cœur étranger à tout ressentiment, les événements qui se sont passés en France et en Europe depuis près de quatre années, je persiste plus que jamais dans les convictions économiques et politiques de toute ma vie. Je me fie au temps pour les retours inévitables qui suivront de telles scènes et de telles aberrations : à défaut d'autre consolation, il me reste l'espérance. La mienne est d'autant plus vive à cet égard, que j'ai souffert plus qu'un autre de tous les désordres intellectuels et matériels de notre époque. Le nom que je porte y a été tristement engagé par un de mes frères qui expie aujourd'hui d'une manière cruelle la funeste célébrité que ces désordres sociaux lui ont faite, quoiqu'il fût digne par son talent d'un meilleur sort.

Ainsi réfugié dans mes études chéries, et sans préoccupation politique, j'ai suivi avec plus de sollicitude que jamais toutes les expériences ou plutôt toutes les épreuves que l'économie politique a subies depuis quelques années. Plus j'ai vu les hommes et les choses, plus j'ai persévéré dans les doctrines de liberté que j'ai puisées à l'école de mes illustres maîtres, Turgot, Adam Smith et J.-B. Say. Ce qui m'avait le plus frappé dans ma jeunesse, quand je me suis mis pour la première fois en rapport avec ces grands esprits, c'est la simplicité et la justesse de leurs idées sur la liberté commerciale. De toutes leurs démonstrations, celle-là me parut toujours la plus évidente, et je puis dire que c'est à la propagation de cette vérité économique que j'ai voué ma vie entière. Nous y marchions rapidement dans les dernières années de la restauration, et quelques personnes se souviennent encore de nos luttes animées avec M. de Saint-Cricq et avec M. Syrieys de Mayrinhac, que je regrette bien, car ils étaient de vrais radicaux, si on les compare aux Mimerel et aux Lebœuf de ce temps-ci.

Nous avions pour nous, alors, les libéraux et les doctrinaires, Laffitte et Duchâtel, Périer et Duvergier de Hauranne, comme nous avons eu plus tard Rossi et Léon Faucher, et toute la pléiade de l'école saint-simonienne, si féconde en hommes de cœur et de talent : Émile Pereire, Enfantin, Michel Chevalier, Olinde Rodrigues. Frédéric Bastiat, homme à part, le plus original de tous, peut-être, dont nous regrettons la perte récente et qui n'a fait que paraître et disparaître, n'avait pas encore écrit ses petits pamphlets charmants qui resteront comme un monument de l'impuissance du bon sens à triompher des intérêts grossiers et des coalitions de la cupidité. Nous combattions librement, dans les journaux, dans nos chaires, à la tribune, et nous devons dire à la gloire du gouvernement de ce temps que les hommes d'État, nos adversaires, ne différaient d'opinion avec nous que sur la question d'opportunité et sur le plus ou moins d'énergie des réformes. Ils rendaient du moins hommage aux principes, ils ne les niaient pas effrontément et ne parlaient qu'avec respect des grands écrivains qui les avaient proclamés. Il était réservé aux astres brillants qui nous éclairent, de traiter Turgot et sir Robert Peel de petits esprits, sans valeur et sans portée.

Le premier essai de conquête de la science sur le système restrictif fut tenté en 1829, par les signataires du manifeste des propriétaires de vignes de la Gironde, inspiré par le célèbre publiciste Fonfrède, de Bordeaux, et rédigé par M. Duchâtel. Ce manifeste, si remarquable par la logique et par l'exposé saisissant des faits, produisit une impression profonde, et je considérerai toujours comme un honneur de l'avoir vigoureusement soutenu dans les journaux du temps, où je faisais mes premières armes. La révolution de 1830 nous rendit l'espoir d'un succès si bien préparé, si juste, si impatiemment attendu ; mais il arriva alors ce que nous avons vu tant de fois depuis, à la honte et au détriment de notre pays, que les défenseurs de la liberté commerciale étant arrivés au pouvoir n'ont plus considéré cette grande cause que comme une question d'intérêt secondaire et l'ont constamment sacrifiée à leurs nécessités parlementaires.

Ayons le courage d'appeler les choses par leur nom. Cet abandon des doctrines qu'on a soutenues et sur l'aile desquelles on est arrivé au pouvoir, est une véritable trahison qui finit toujours par déconsidérer les hommes d'État. Leur caractère y perd beaucoup du respect qui s'attache à la fidélité au drapeau, et ils n'obtiennent jamais autant de confiance que s'ils n'avaient pas fait ces sacrifices douloureux. Toutefois, les ministres du dernier règne n'ont jamais été des apostats, et tout en cédant beaucoup trop aux influences qui les obsédaient, ils n'ont jamais livré la place à l'ennemi [1], qui la saccage aujourd'hui avec tant de cynisme et d'âpreté. Tous leurs efforts ont tendu à éclairer la situation par des enquêtes sincères et qui témoignent hautement de leurs bonnes intentions à ce sujet. Quelques-unes de ces enquêtes contiennent même des aveux édifiants de la part des prohibitionistes les plus véhéments de l'époque actuelle, et qui, portés à la représentation nationale par une erreur du vote populaire, demandent aujourd'hui au nom de ce même peuple, dérision amère! la cherté des vivres et des matières premières du travail.

Les enquêtes dirigées par M. Duchâtel, libéral, autant que celles de M. d'Argout, restrictif, concluaient toutes à des réformes modérées, et il suffit de jeter un coup d'œil sur le *Moniteur* pour s'assurer que nulle mesure prohibitive ou protectrice à l'excès n'est jamais venue de l'initiative du gouvernement. C'est contre la volonté expresse de M. Cunin Gridaine [2] que fut voté

---

[1] Si les correspondances privées n'étaient pas chose sacrée, je pourrais citer ici des lettres que j'ai reçues d'anciens ministres, témoignant hautement de la lutte qu'ils ont soutenue contre ces avidités honteuses, aujourd'hui maîtresses du terrain, qui leur demandaient avec hauteur, au nom de l'industrie, des mesures conçues dans le seul intérêt privé de quelques industriels.

[2] M. Cunin-Gridaine était un homme droit, loyal, conciliant, qui ne faisait pas passer ses intérêts de manufacturier avant ses devoirs de ministre, comme tel autre ministre que

le fameux amendement de M. Darblay, contre la
graine de sésame, amendement si préjudiciable aux
huileries et aux savonneries de Marseille, et au commerce maritime. C'est le gouvernement qui a sollicité
la réduction à 22 du droit de 33 pour cent qui pesait
sur les laines. Enfin, toutes les fois qu'il s'est agi
d'apporter quelques tempéraments aux rigueurs des
lois de douane, le directeur de cette administration,
l'honorable M. Gréterin, s'est toujours montré plus
libéral que les députés ou les représentants, comme
on les appelle aujourd'hui.

La raison en est toute simple, et elle va nous servir
à expliquer une énigme dont je n'ai deviné le mot que
depuis que j'ai eu l'honneur d'être membre de l'ancienne chambre des députés. Personne n'ignore qu'il
n'y a rien de moins intéressant, même pour des hommes parlementaires, que les discussions de lois de
douanes. Il a toujours été d'usage, dans les assemblées
politiques, d'abandonner la confection de ces lois à
une commission dont les intéressés au maintien des
monopoles ne manquent jamais de se faire nommer
membres, sous le nom d'hommes spéciaux, réputés

je pourrais citer, qui, d'abord dignitaire de l'association du
libre-échange, et devenu plus tard représentant d'un collége
prohibitioniste, n'a semblé voir dans toute la France que son
département, et n'a administré, en réalité, qu'une préfecture.
C'est pourtant un savant du premier ordre.

plus instruits que leurs collègues, de ce qui les inté-
resse, en effet, davantage. La commission, ainsi
composée, procède avec un soin extrême au choix de
son rapporteur, qui est presque toujours un ministre
du commerce en expectative, ou un fabricant de quelque article fortement protégé. On en écarte avec soin
tous ceux qu'on croit capables de s'opposer aux petits
arrangements de famille imposés au cabinet ou con-
venus d'avance avec lui; puis, le jour de la discussion
venu, on ne laisse guère le temps de parler qu'aux
partisans du projet, plus ou moins amendé, c'est-à-
dire aggravé par la commission, et on vote en conséquence.

J'ai été témoin en 1847 du plus grand scandale qui
ait jamais été donné en ce genre, et dont le souvenir ne
s'effacera jamais de ma mémoire. Le ministère avait
été obligé d'apporter à la chambre des députés, sous
la pression de l'opinion publique fort vivement ex-
citée alors par les prédications de l'association du
libre-échange, un projet de loi sur les douanes assez
insignifiant d'ailleurs, mais dont la discussion pouvait
ouvrir la porte à quelques réformes libérales. L'assemblée comptait dans son sein plusieurs économistes dé-
cidés à pousser les choses à l'extrême, c'est-à-dire à
faire apprécier par la chambre la nature des dom-
mages causés à la production française par le système
prohibitif. On le savait, et l'on redoutait cette discus-

sion, même avec la certitude de la clore par un vote négatif; aussi avait-on pris des précautions inouïes non-seulement pour qu'il n'y eût pas un seul économiste dans la commission, mais encore pour qu'il n'en pût arriver un seul à la tribune. Le rapporteur, homme habile et délié, s'obstina jusqu'au dernier moment à tenir son rapport secret, de manière que personne ne connût ni ses conclusions, ni les faits et chiffres sur lesquels elles étaient appuyées. Il devenait dès lors très-difficile de les combattre et de réfuter des raisonnements tenus en réserve, à la manière des coups de Jarnac.

J'étais à cette époque député du département de la Gironde, qui m'avait fait l'honneur de m'élire, surtout pour défendre la cause de la liberté du commerce; et mes commettants avaient le plus grand intérêt à connaître ce mystérieux rapport, d'où dépendait pour eux la solution de tant de questions vitales. Tous mes efforts furent inutiles; toutes mes sommations officieuses ou officielles restèrent sans effet; et je venais à peine d'obtenir à force de prières une communication très-imparfaite du fameux document, lorsque la révolution de février, conduite par les *Jupiters* que la France connaît bien aujourd'hui, éclata sur nos têtes comme la foudre. Le rapporteur si discret du système prohibitif, après avoir été lancé en l'air, où il a tournoyé quelques instants, est retombé sur son siège de consciller d'État; mais je ne lui ai pas encore pardonné sa discrétion. Était-elle politiquement bien loyale?

Il en était toujours ainsi en matière de réformes économiques, et le public honnête ne comprendrait pas aisément les difficultés du moindre progrès à cet égard, si le passé ne lui servait à expliquer ou à deviner le présent. Ainsi, même dans la fatale année de la disette, en 1846, lorsqu'il fallut bien amener devant la famine le pavillon de la prohibition, on nous accorda l'entrée des blés; mais quand plusieurs de nous firent mine de demander la libre entrée des bestiaux, ce fut une insurrection générale. Nous allions tout compromettre, disait-on, et l'on nous rendrait responsables du refus de la liberté des céréales. C'était nous qui aggravions la disette par notre amendement: il fallut bien le retirer. Ainsi de même pour les banques. Lorsque le cabinet de cette époque proposa, presque à son corps défendant, la loi qui autorisait la banque de France à émettre des billets de 200 francs, il me vint dans l'idée de demander la création de coupures à 100 francs, et peu s'en fallut qu'on ne qualifiât la mesure de révolutionnaire. Quelques honorables membres qui n'y entendaient rien, et, chose plus curieuse! quelques-uns qui passaient pour s'y connaître, parlèrent de la résurrection des assignats et haussèrent les épaules d'un air magistral et consterné. Six mois plus tard, la Banque émettait des coupures de 100 francs, qui n'ont jamais fait peur ni mal à personne, et dont on ne peut plus se passer.

Voilà comment les réformes économiques ont flotté dans notre pays, plus ignorant et plus léger qu'il ne croit l'être, au gré des passions politiques, des inté-rêts privés ou des combinaisons parlementaires. Les vieux préjugés de l'Empire, en survivant à cette glorieuse époque, n'ont pas moins contribué à fausser les idées, et l'on trouve encore parmi les hommes les plus éclairés beaucoup de gens qui considèrent le bon marché des produits étrangers comme une calamité publique. Le maréchal Bugeaud, qui était un esprit si juste et si droit, a dit un jour qu'il redoutait moins une invasion de Cosaques qu'une introduction de bœufs suisses. C'est ainsi que le public s'est accoutumé peu à peu à regarder les importations de produits étrangers comme des espèces de violations du territoire, et cette théorie s'est établie qu'il valait mieux produire toutes choses chèrement, *parce qu'on se les payait à soi-même,* plutôt que de recourir à l'étranger. En réalité, ce qu'on se paye si chèrement à soi-même, c'est le tribut que toute la France paye à un petit nombre de manufacturiers privilégiés.

Il n'est donc pas étonnant que ceux-ci aient cherché à propager une théorie qui convient si bien à leurs intérêts particuliers. Ils ont fondé à Paris une feuille spéciale pour la défendre, et il est notoire qu'ils ont acheté dans certaines feuilles politiques influentes le droit exclusif d'y traiter, au profit de ces mêmes intérêts, les questions d'économie publique. La coalition[1] représentée par ces feuilles compte dans son sein les hommes les plus importants par leur position personnelle, par leur fortune et par le rôle qu'ils jouent dans l'État. Ils occupent dans les administrations, par eux ou par leurs amis, les postes avancés, et leur intolérance s'est accrue avec leur prospérité jusqu'au point de vouloir interdire la discussion des questions de liberté commerciale dans les chaires publiques instituées pour ce but. Le terrain demeure ainsi libre aux docteurs de la prohibition, et nulle

---

[1] Un seul fait suffira pour donner une idée de la puissance de cette coalition. Chacun sait qu'en 1849 le gouvernement avait conçu la pensée d'ouvrir à Paris une exposition universelle des produits de l'industrie. Cette pensée avait été accueillie avec une sympathie générale, et elle était sur le point de recevoir son exécution : mais la coalition ayant compris qu'il en pouvait résulter quelque instruction pour le pays et notamment la connaissance du *prohibé,* s'empressa d'organiser une opposition dans les chambres de commerce, et le gouvernement eut la main forcée. La mesure fut confisquée à la simple majorité d'une ou deux voix, parmi lesquelles figurait celle de la chambre de commerce de Paris. La chambre de commerce de Paris, la ville encyclopédique de l'industrie, qui vit surtout de ses exportations !... *O altitudo !*

réforme n'est possible, même celle des dispositions les plus absurdes de notre code douanier.

En vain, depuis quelques années, l'Europe entière est entrée dans une voie libérale. L'Angleterre, l'Allemagne, l'Autriche, l'Espagne, ont modifié plus ou moins profondément leurs tarifs. Un ministre éclairé, M. le comte de Cavour, a conduit avec autant de fermeté que de prudence le Piémont dans cette direction nouvelle. La France seule persiste dans son isolement, et cette funeste tendance s'est manifestée surtout depuis que, sous prétexte de réformes, une secte de niveleurs qui veulent passer pour des économistes a tenté de bouleverser la société française jusqu'en ses fondements. La véritable économie politique s'est ainsi trouvée placée entre deux extrêmes, et elle a été forcée de faire face à l'ennemi social, tandis que la prohibition n'a cessé de gagner du terrain à la faveur des préoccupations publiques.

Une grande association s'était formée, il y a peu d'années, dans le but d'éclairer la France sur ces matières d'un si haut intérêt pour sa prospérité. Cette association espérait être aussi heureuse que celle qui a illustré en Angleterre le nom de M. Cobden, et dissiper quelques-uns des préjugés économiques qui règnent encore parmi nous depuis la chute de l'Empire; mais elle a dû mettre un terme à l'agitation pacifique dont elle était l'organe, de peur d'ajouter un élément de plus aux troubles de notre pays. Nous n'avons plus désormais à attendre la victoire des principes que de la force des choses et du cours naturel des événements. Le lecteur jugera, soit par les lettres que nous publions, soit par le rapport consciencieux que nous avons soumis à l'Académie des sciences morales et politiques de l'Institut, si ce moment lui paraît bien éloigné. Nous espérons que non. Nous croyons que le monde n'aura pas assisté en vain à un tel spectacle, et que la conclusion à tirer de la réunion de tant de richesses ne sera pas qu'il faut les enfouir stériles au foyer de chaque production.

Si jamais, en effet, l'utilité, disons mieux, la nécessité des échanges s'est fait sentir quelque part avec une évidence irrésistible, c'est assurément à l'aspect de ce bazar immense qui n'a jamais eu son pareil dans le monde, et qui résoudra la grande question de la liberté commerciale plus sûrement que toutes nos associations. Ce que nos manufacturiers protégés voulaient nous cacher, nous l'avons vu. Nous savons à présent qu'ils sont en état de rivaliser avec les plus habiles fabricants, et qu'ils le seront encore plus sûrement quand on les aura affranchis des taxes qui pèsent sur les matières premières. Nous connaissons les draps, les calicots, les poteries, les cristaux, les fontes ouvrées, et tous les articles de l'étranger prohibés au profit de quelques individualités. Nous savons ce qu'elles y gagnent et ce que le peuple français y perd. Si cette grande expérience ne suffit point pour nous éclairer, restons comme nous sommes; nous l'aurons bien mérité.

BLANQUI.

1er octobre 1851.

LETTRE PREMIÈRE.

Puisque vous avez bien voulu m'ouvrir les colonnes de la *Presse* pour initier vos lecteurs aux faits nouveaux et vraiment saisissants qui vont ressortir de l'exposition universelle de Londres, permettez-moi, pour mon repos et pour ma satisfaction personnelle, de décliner ici publiquement toute *accointance* avec la politique. Je me tiens pour mort depuis la révolution de 1848. Je ne suis pas de la deuxième moitié de ce siècle ; je suis de l'autre, et je considère la politique actuelle comme tellement pareille au chaos, que je désire y rester étranger, à quelque titre que ce soit. Vos lecteurs sauront donc que je me borne à profiter de votre offre gracieuse, en écrivant aujourd'hui dans la *Presse*, et ils ne s'étonneront pas d'ailleurs de votre impartialité, bien connue, à accueillir les écrivains d'une opinion contraire à la vôtre, en respectant leur indépendance et leurs convictions.

Je suis venu ici pour étudier profondément cette belle exposition de Londres qui est le commencement d'une ère nouvelle, et d'où sortira peut-être la solution des affaires aujourd'hui si embrouillées de l'espèce humaine. Je me propose de faire connaître à ce sujet à vos lecteurs la vérité tout entière avec une parfaite égalité d'âme, sans préjugé patriotique, sans préférence, et de manière à ce que les grands enseignements de cette convocation mémorable des nations profite, s'il dépend de moi, à notre pays.

Je sors à l'instant de la cérémonie de l'inauguration, qui a été de tout point magnifique, quoique grave et austère, comme la pensée du projet. Hélas ! pourquoi faut-il que j'aie à rappeler que cette pensée est d'abord née en France et qu'elle y a péri de la main des hommes les plus intéressés à la faire réussir ! Plus tard, vous saurez quels sont ces hommes ; nous les retrouverons et nous leur en demanderons compte : j'en ai vu ce matin quelques-uns bien honteux de leur mauvaise action et du triste rôle qu'ils ont joué ; mais, avant tout, point d'inutiles regrets. La France a prouvé qu'elle est toujours au premier rang, et mon orgueil de citoyen n'a pas eu à souffrir, dans cette circonstance, de mes chagrins d'économiste. La France était belle aujourd'hui, quoique sa toilette ne fût pas complétement faite, et je dois rendre à notre commissaire général, M. Sallandrouze, la justice de déclarer qu'il lui a fait maintenir très-largement l'espace nécessaire pour développer les merveilles de sa production.

La reine d'Angleterre est venue ouvrir en personne et en grand cortége royal cette brillante cérémonie. Elle était précédée de tout le corps diplomatique et du grand jury universel appelé à prononcer sur les mérites de tous les concurrents, venus de tous les points du monde. On y remarquait quelques nababs de l'Inde et un soi-disant commissaire chinois qui *trottait* plutôt qu'il ne marchait au milieu du cortége. Il est impossible de faire avec plus de grâce et de dignité au monde entier les honneurs d'un royaume. La reine d'Angleterre. a pu dire aujourd'hui plus exactement que le pape : *Urbi et orbi.* Son entrée et sa sortie ont été saluées par les plus énergiques acclamations.

La première impression qui frappe le spectateur dans ce merveilleux monument si rapidement construit, c'est sa grandeur, sa simplicité et son élégance. Toutes les proportions y sont gardées avec un art extrême et une précision mathématique. Une longueur normale de vingt-quatre pieds anglais a été prise pour unité dans toutes les pièces de fonte ou de fer qui ont servi à sa construction. Veut-on s'élever ? on place deux longueurs de 24 pieds pour en obtenir une de 48 ; veut-on s'élever encore ? on en ajoute une troisième pour arriver à 72. En long, en large, dans tous les sens, toujours des multiples de 24. Il en est résulté

un palais construit avec des pièces de fonte de la
même longueur, reliées les unes aux autres par de
simples boulons et presque toutes coulées sur le même
modèle, ou comme nous disons en économie politique,
sur le même *étalon*. Si ce palais doit être détruit un
jour, on pourra le démonter pièce à pièce et le repla-
cer ailleurs, tout entier, sans aucun changement.

Il se compose d'une nef immense, coupée en deux
par une nef transversale plus courte, qu'on appelle le
transept, et qui est d'une hauteur telle qu'elle renferme des arbres séculaires, en parfaite conservation,
du plus gracieux effet. Une galerie supérieure, à
laquelle on arrive par des escaliers nombreux et commodes, règne tout le long de l'édifice. Placé à cette
hauteur, j'ai pu jouir du spectacle admirable de toute
la cérémonie, à laquelle assistaient plus de vingt mille
personnes dans les toilettes les plus élégantes. Les
journaux anglais ne manqueront pas de vous donner
les détails du programme, auquel nos orgues et nos
organistes ont concouru avec éclat. C'était vraiment un
spectacle très-noble et très-imposant.

En attendant que je vous envoie, monsieur, ma
faible part de travaux de cette grande exposition, je
dois vous offrir ici tout d'abord un aperçu de la manière dont les nations sont rangées le long de l'espace
qui leur a été réservé. L'Angleterre a gardé pour elle-
même la moitié du terrain, toute la partie située à
l'ouest du palais de cristal, et il faut reconnaître qu'elle

l'a si bien remplie qu'on ne saurait lui faire le reproche
de s'être attribué la part du lion. Toutes les autres
nations se partagent, très-inégalement d'ailleurs, la
moitié disponible du côté de l'est, et c'est la France
qui brille du plus vif éclat dans cette partie. Le *transept* est comme l'équateur de ce monde industriel. La
Chine, Tunis, le Brésil, la Perse, l'Arabie, la Turquie et l'Égypte sont rangés près de lui comme une
espèce de zone torride.

Dans les régions plus froides, figure la Suisse, dont
les exposants se sont fait remarquer par la promptitude et l'heureuse disposition de leur exhibition. Ils
sont là, tous réunis comme des enfants de la même
famille, avec un goût exquis et une harmonie des plus
agréables. Soyez sûr qu'ils feront parler d'eux.

L'Espagne et même le Portugal, l'Italie et ses divers États ont envoyé des produits sans doute insuffi-
sants pour faire apprécier leur valeur manufacturière
et agricole; mais ces États de second ordre présentent
des objets d'art ou des matières premières d'une assez
grande originalité.

La France n'était réellement pas prête ce matin, et
l'on voyait encore une foule d'exposants, habit bas,
quelques heures avant l'ouverture, rangeant avec pré-
cipitation leurs produits les plus beaux. Sous le rapport du goût, de l'art et de l'élégance, rien n'y manquait, et je puis vous dire que l'impression générale a
été celle de sa supériorité artistique sur toutes les

nations. Si j'osais me permettre une expression qui ne saurait blesser personne, j'ajouterais que tous les produits, de quelque part qu'ils fussent venus, avaient l'air commun et provincial quand on les comparait à ceux de France. Les articles français seuls ont le cachet de distinction qui est dû au talent de nos dessinateurs et à l'habileté incomparable de nos artistes. Pour faire quelque chose de semblable à eux, il faut qu'on nous les vole, et la révolution de février en a malheureusement fait fuir plus d'un.

Les États-Unis, qui occupent l'extrémité orientale de la grande nef, et qui planent sur toute l'exposition par leur aigle aux ailes ouvertes, ont envoyé surtout des matières premières et peu de produits fabriqués. On dit qu'ils ont boudé, et il serait injuste de juger de leur puissance industrielle par les échantillons, d'ailleurs fort remarquables, qu'ils ont exposés.

L'Autriche et l'Allemagne du Zollverein sont les nations qui occupent, avec la Belgique, le rang le plus élevé après la France.

L'Autriche expose des produits assez remarquables pour avoir étonné les hommes les plus compétents et les plus autorisés par leurs études spéciales sur ce pays. La Russie est encore presque absente, et l'on assure que ses envois, impatiemment attendus, témoigneront d'un progrès sérieux, non moins étonnant que celui de l'Autriche.

A première vue, ce qui frappait aujourd'hui les esprits exercés, c'étaient les matières premières vraiment neuves et curieuses qui viennent de l'Inde, de l'Australie, des colonies américaines ; en Angleterre, la carrosserie et les machines, les produits chimiques surtout, admirables, prodigieux ; en Autriche, la cristallerie, les châles, les travaux en bois sculpté ; en Belgique, les dentelles et les armes ; en Suisse, les mousselines et les rubans ; en France, l'orfévrerie d'Odiot, les bronzes, les châles, les tapis, les draps, les tissus de l'Alsace. L'attention est tellement divisée quand on jette les yeux sur ce panorama du monde industriel, qu'il en résulte une sorte de vertige. Mais tenez pour certain, monsieur, dès aujourd'hui, que les Anglais viennent d'inaugurer, comme je vous le disais au commencement de cette lettre, une époque nouvelle. Tout le monde aura des leçons à recevoir sur le terrain où la lutte pacifique des nations s'engage avec tant d'éclat.

Je vais me mettre en mesure de la suivre de près, et vous pouvez compter sur mon exactitude à vous faire part de mes études sur ce magnifique sujet, bien fait pour consoler un homme du vieux temps, comme moi, des misères de celui-ci.

LETTRE DEUXIÈME.

Tandis que vous célébrez en grande pompe à Paris l'anniversaire de la création d'un de ces nombreux produits de notre industrie qu'on appelle des constitutions, l'Exposition universelle de Londres poursuit le cours de son triomphe, aujourd'hui complet et décisif. L'effet général a été immense, universel, incontesté, et quelques absences qu'on puisse regretter à ce grand rendez-vous du monde entier, aucun personnage important n'a fait défaut et ne manquera à la fête, quand la Russie sera arrivée et quand la France aura fini son étalage.

Il convient, pour notre instruction, de ne rien négliger d'essentiel sur ce terrain d'étude inépuisable. Tout y est si différent de nos habitudes, et tout a si bien réussi, que nous y pourrons trouver de quoi nous instruire, si nous voulons un moment faire trève à notre orgueil national. Ainsi, pour ne parler d'abord que de l'idée elle-même, il a suffi de l'énoncer pour exciter l'enthousiasme de tous les hommes éminents de ce pays. On n'a rien demandé au budget ni à l'État. On s'est réuni; on a calculé ce que coûterait un édifice immense, digne de l'entreprise; on a fait appel, pour le construire, à toutes les intelligences; et quand il a fallu trouver les ressources nécessaires, la banque d'Angleterre a ouvert ses trésors, à la seule condition qu'il lui serait donné des garanties pour ses avances. Aussitôt les plus grands noms d'accourir et d'apporter la garantie de leur fortune à ce grand œuvre national. On cite des lords qui ont proposé de cautionner l'entreprise pour 200,000 francs, pour 500,000 francs, pour 1,000,000 de francs. Un simple particulier a souscrit pour 1,200,000 francs! Voilà ce que c'est que la foi.

En même temps que ce témoignage significatif de confiance était donné à la fortune de l'Angleterre, les souscripteurs aux billets de saison ajoutaient leur garantie à celle des citoyens généreux qui venaient de mettre à exécution avec tant de résolution cette grande idée, venue de France, si stérilement pour nous, comme tant d'autres. Il est à peu près certain aujourd'hui que l'opération donnera non-seulement des profits à l'Angleterre, mais aux entrepreneurs eux-mêmes[1]. M. Paxton, l'habile auteur du Palais de Cristal, qui

[1] Ce que je prévoyais au début de ces lettres s'est vérifié. Le bénéfice réalisé sera de près de cinq millions de francs.

est certainement le produit le plus curieux de l'industrie anglaise, marchait, il y a peu de jours, en tête
du cortége royal. Le prince Albert avait voulu que cet
honneur public fût rendu à l'architecte qui venait de
créer une merveille pour loger tant de merveilles.
Ainsi, après avoir mené à bonne fin le projet d'exposition universelle, l'Angleterre a su en honorer dignement les auteurs. Qu'y a-t-il de plus populaire, je
vous le demande, que le fait de ce modeste architecte,
simple constructeur de serres, marchant le premier
en tête du cortége royal de la reine d'Angleterre, en
pareil jour !

On ne saurait trop louer non plus la parfaite ordonnance des distributions intérieures de l'Exposition.
Les nations sont rangées par ordre, selon l'importance de leurs industries, et distinguées les unes des
autres, soit par une inscription nominale, soit par
leurs pavillons respectifs. L'accès de tous les étalages
est très-facile, la circulation partout libre et commode.
Les produits sont exposés par catégories ; les machines, la carrosserie, les tissus de même espèce, assez
généralement ensemble. Chaque nation a obtenu la
faculté d'organiser à sa guise et selon son goût particulier les vitrines et les cases où sont exposés ses
produits. Il en est résulté une certaine diversité qui
n'offre pas moins d'intérêt que les produits mêmes, et
qui représente avec originalité le caractère de toutes
les nations appelées au concours.

L'Angleterre, qui dispose, comme je vous l'ai mandé, de la moitié du terrain général de l'Exposition, avait à pourvoir, en outre, aux moyens d'assurer la circulation, et aux embellissements qui devaient rendre le monument digne de sa destination. Ce résultat a été obtenu de la manière la plus heureuse par la distribution qui a été faite, au milieu de la nef principale, de toutes les grandes pièces de fonte ou de sculpture envoyées par la Prusse, la France et la Belgique, par la Prusse surtout. De distance en distance, plusieurs fontaines d'eau jaillissante, dont une magnifique en cristal, répandent la fraîcheur et l'animation dans ce vaste espace où retentissent les voix de trois orgues, élevées de la façon la plus originale et la plus pittoresque.

Enfin quelques arbres séculaires, conservés comme une sorte d'échelle à l'aide de laquelle on peut mesurer sans effort la hauteur du monument, ajoutent à cet ensemble imposant et gracieux le charme de leur végétation énergique.

Tel est, dans sa simplicité grandiose, l'aspect général de l'Exposition universelle. Le jour de l'inauguration, on y comptait plus de 20,000 personnes, et le palais avait l'air désert à ses extrémités. Le bruit de ces milliers de voix se faisait à peine entendre et se perdait réellement dans ce vaisseau aérien, où planait sur les spectateurs une lueur bleuâtre comme l'azur du ciel, de l'effet le plus singulier et le plus inattendu. Rien n'excite plus l'étonnement, aussi, que ce bourdonnement de tant de langues différentes, et surtout que les costumes parfois si grotesques de tous ces étrangers.

Chaque peuple occupe à l'Exposition universelle une place inégale, et avant tout il faut reconnaître, pour être juste, que plusieurs nations, à commencer par la nôtre, n'y sont représentées que d'une manière très-imparfaite. Évidemment, les Américains du Nord n'ont envoyé à ce grand rendez-vous que quelques marchandises de pacotille, et ils ont dû céder aux exposants voisins une partie de l'espace qui leur était inutile. Quelques charrues, quelques canots, quelques mauvaises cartes géographiques, un trop petit nombre de matières premières, tel est le fonds *actuel* de l'exposition américaine du Nord, et pour qui connaît la valeur industrielle et l'énergie laborieuse de ce grand peuple, il est impossible d'admettre que sa puissance productrice soit représentée par d'aussi faibles et d'aussi peu nombreux échantillons.

L'Espagne n'a guère envoyé que des matières premières, peu de laines, peu de soies, presque pas de tissus. La Catalogne, qui est le dernier repaire des prohibitionistes dans ce pays, s'est abstenue de paraître. Elle a craint, non sans motif, d'être écrasée par la comparaison de ses cotonnades avec celles du monde entier, et d'avoir à rendre compte au peuple espagnol du tribut qu'elle prélève sur lui, presque sans profit pour elle. Mais l'expérience ne sera pas moins décisive, et, pour être condamnés par défaut, les prohibitionistes honteux n'en seront pas moins condamnés, les uns pour leur impuissance, comme en Espagne; les autres à cause de leur supériorité, niée par eux-mêmes et par avidité, comme en France. On ne peut faire un pas dans cette Exposition sans que la vérité ne frappe tous les regards.

Voyez plutôt la coutellerie anglaise de Sheffield! Quelle admirable variété! quelle richesse! quel bon marché! *What cheapness,* comme ils disent avec orgueil et avec raison. Et nous avons raison de dire aussi : « Quand nos fabricants auront le fer et l'acier à des prix plus raisonnables, ils feront aussi bien. » Mais nos maîtres de forges ne l'entendent point ainsi. Voyez la carrosserie anglaise, si solide, si riche, si variée : elle est prohibée en France, et la France est privée des moyens de comparaison ou d'imitation qui profiteraient aux carrossiers eux-mêmes. Ainsi pour tout le reste. Nous démontrerons jusqu'à la dernière évidence que rien ne manquera à la supériorité de notre industrie dès le jour où, affranchie des tributs qu'on lui impose, sous couleur de protection, elle s'exercera dans la plénitude de sa liberté, sans subir ni infliger aucun joug.

Ce fait est surtout frappant quand on examine l'exposition suisse. La Suisse occupe à l'exposition de Londres une place modeste et restreinte. C'est un pays de libre-échange, de montagnes, de communications difficiles, et cependant il a conquis un rang très-distingué dans l'industrie européenne. C'est merveille de voir l'élégance et le bon marché de ses rubans de Bâle et de Zurich, de ses mousselines brodées, de ses taffetas et de ses velours dignes de l'école lyonnaise d'où ils tirent évidemment leur origine. L'Autriche, qui laisse beaucoup à désirer pour le goût, même dans ses verres de Bohême et dans ses meubles admirablement sculptés s'ils ne sont dessinés avec art, l'Autriche mérite une place honorable à côté du Zollverein et de la Prusse, qui semblent avoir plus de mouvement et de vie.

Je ne veux hasarder en ce moment, monsieur, aucun jugement prématuré. C'est après une étude attentive et comparée de tous ces innombrables produits qu'il sera possible d'émettre une opinion sérieuse et approfondie sur tant de chefs-d'œuvre et sur la valeur relative de chaque exposition. Qu'il me suffise de vous dire, en ce qui concerne la France, que nos Lyonnais, nos fabricants de Mulhouse, de Tarare, de Roubaix, commencent à peine leur installation, malgré la diligence et le zèle de notre commissaire général, M. Sallandrouze, dont on ne saurait trop louer le dévouement, la bienveillance et l'aménité. Il ne dépendait pas de lui de faire étaler plus tôt des produits restés à Dunkerque ou à la gare de Paris ; mais nous n'aurons rien perdu pour attendre, et j'ose ici assurer que, malgré ses nombreuses lacunes, l'exposition française sera toujours ce qu'elle a coutume d'être, chez elle comme ailleurs, l'exposition par excellence du bon goût, de la grâce et de l'élégance en toute chose.

LETTRE TROISIÈME.

Avant d'arrêter définitivement mes opinions sur les résultats décisifs de cette grande exposition, j'aurais encore bien des choses à vous dire sur son ensemble, dont la grandeur semble augmenter à mesure qu'on y pénètre plus profondément. L'observateur est comme entraîné par une force magique d'un pays à l'autre, de l'est à l'ouest, du fer au coton, de la soie à la laine, des machines aux tissus, de l'instrument aux produits. On va, on vient, les yeux sans cesse éblouis par une sorte de mirage, sans même accorder un regard aux visiteurs de tous les pays du monde, qui ne sont pourtant pas les articles les moins curieux de l'exposition. Car, s'il y a une foule de marchandises dans toutes les galeries, il y a aussi une foule d'Anglais, d'Allemands, de Français, de Turcs, d'Italiens, d'Espagnols, d'Indiens, dont les costumes bigarrés méritent l'attention qu'on leur refuse encore, à cause de l'espèce de fascination exercée par le magnifique spectacle de tant de chefs-d'œuvre de l'industrie humaine.

On ne saurait trop conseiller à nos compatriotes de venir à tout prix visiter cette merveilleuse exposition. Soyez sûr qu'ils n'en reverront pas de semblable dans le cours de leur vie. Et d'abord, nous devons les prémunir contre l'esprit de dénigrement qui a altéré la vérité dans plusieurs journaux de notre pays. Il n'est pas vrai, comme on a osé le dire, que nul exposant n'ait été admis sans payer un billet de saison de trois livres sterling : *tous les exposants sont admis gratuitement*, sur la présentation d'une carte délivrée au commissariat général. Il n'est pas vrai non plus que les logements soient hors de prix : ils ne sont pas plus chers qu'à l'ordinaire et ils ne sont pas tous occupés. Toutes les classes de ce pays se sont empressées d'exercer l'hospitalité envers les étrangers. A quelque rang qu'ils appartiennent, car il y a des rangs ici, les étrangers sont sûrs de trouver, dans le rang correspondant à leur position sociale, bienveillance et cordialité.

On n'entend plus parler que de *soirées de politesse*. Pour commencer par les savants, M. le président de la Société royale donnera trois raouts, dans le courant de ce mois, aux savants de toutes les nations. Lord Granville a ouvert ses salons. La reine donnera plusieurs bals. Toutes les corporations se préparent à fêter dignement leurs hôtes. Le lord-maire doit donner dans *Guild hall* une fête splendide aux principaux fabricants qui ont concouru au succès de l'exposition. S'il était permis de citer des noms propres en dehors du monde officiel, je pourrais vous donner une liste vraiment curieuse de tous les hommes considérables à des titres divers qui ont regardé comme un devoir de faire les honneurs de leur pays au monde entier convoqué à cette grande fédération.

Mais c'est surtout des ouvriers français que je souhaite voir arriver en foule à l'exposition universelle. Nos grandes villes de fabrique et nos fabricants eux-mêmes ne sauraient faire trop de sacrifices pour en envoyer ici le plus grand nombre possible. On aurait dû organiser à Londres une agence spéciale pour leur faciliter l'étude des questions qui les intéressent et pour les initier à ces merveilles des arts dont la vue seule élève l'âme au-dessus des misères de notre politique de carrefour. Les ouvriers français sortent trop rarement de chez eux, et ne font guère que leur tour de France. En venant à Londres, ils feraient sans effort et presque sans dépense leur tour du monde ; ils apprendraient en huit jours plus de choses utiles qu'ils n'en ont appris, permettez-moi de le dire, dans les clubs, quand il y avait des clubs [1].

[1] Le vœu que j'exprimais alors a été exaucé. Un honorable négociant de Paris, M. Caille, vivement secondé par M. de Gi-

C'est en effet ici, monsieur, qu'il faut venir quand on veut avoir une juste idée de ce que peut l'esprit d'ordre et le génie de l'homme assoupli à la discipline industrielle, pour les victoires de l'industrie. Songez que cet immense palais de cristal a été *coulé* de toutes pièces et mis en place en moins de six mois. *Coulé,* c'est le mot, car il n'existait *pas une seule* des pièces qui le composent, fonte et vitrerie, au mois de septembre dernier. Mais quand on observe dans son enceinte, même aujourd'hui, l'ordre admirable qui y règne ; quand on voit des milliers d'ouvriers se rassembler par petites troupes, aux heures des repas, silencieusement, sous les ordres de leurs contre-maîtres, avec une aisance presque militaire, puis sortir par leurs petites portes, sans aucun embarras pour le public, on comprend mieux cette puissance sagement réglée, maîtresse d'elle-même, et dont les allures sont si différentes des nôtres.

Permettez-moi d'ajouter encore quelques détails qui me semblent intéressants pour les visiteurs de notre pays et qui leur inspireront peut-être le désir de venir à ce grand rendez-vous. Les dispositions locales ont été si bien prises dans toute l'étendue de l'Exposition, que, même dans les jours de plus grande affluence, il n'y a jamais eu le moindre encombrement. *Trente*

rardin et par M. le comte d'Orsay, a ouvert une souscription qui a permis d'envoyer quinze ouvriers choisis dans différentes professions à l'Exposition universelle.

mille personnes y circulent à l'aise et à la fois sans se gêner le moins du monde. Une foule de siéges commodes sont distribués dans toute la longueur des galeries pour les personnes fatiguées. Trois grandes salles de rafraîchissements, dont les prix sont fixés par un tarif modéré, affiché aux portes, permettent aux visiteurs de passer la journée entière sans être obligés de sortir pour prendre leurs repas. Le prix d'un catalogue immense, de format in-quarto, à l'aide duquel on peut aisément reconnaître tous les produits, a été limité à un shelling.

Cependant nos compatriotes se hâtent peu d'arriver, et malgré l'activité qu'ils déploient, l'exposition française est encore en retard, sans avoir, comme l'exposition des Russes, l'excuse de la saison qui les a retenus dans les glaces de la Baltique. A mesure que ses magnifiques produits se déroulent et se rangent à leur poste, l'affluence des visiteurs commence. On voit déjà les dames anglaises en extase devant notre galerie des châles, devant la bijouterie de Froment-Meurice, devant l'orfévrerie d'Odiot. Que sera-ce quand Lyon et Mulhouse auront étalé leurs produits sans rivaux? Nos ébénistes du faubourg Saint-Antoine ont été salués par un cri général d'admiration. Eux seuls, en ce moment, sont complétement établis dans la galerie qui leur est destinée, et dépassent de cent coudées tout ce qui a été fabriqué de plus beau en ce genre. O ouvriers sans pareils, que ne faites-vous plus de meubles et moins de révolutions !

La grande industrie anglaise des machines commence aussi à fonctionner. Vous savez, monsieur, que les Anglais ont eu l'heureuse idée d'établir en dehors du palais de l'exposition un générateur de vapeur qui distribue par des canaux souterrains la force motrice dans tout l'édifice.

Il a fait si froid depuis quelques jours, que cette vapeur, condensée en route, n'arrivait pas à sa destination ; mais depuis qu'elle arrive, on voit marcher les uns à côté des autres, et conduits par des ouvriers en costume de leur province et de leur état, une foule de métiers divers à filer, à tisser, à faire des bas. Un de nos manufacturiers, qui assistait à la manœuvre d'une *jenny mull* (machine à filer), ayant rattaché le fil rompu du coton, « Bravo ! Français ! » se sont écriés tous les Anglais présents, et ils l'ont couvert d'applaudissements. Partout les chefs des industries démontrent avec empressement leurs appareils au public. Les pompes, et il y en a quelques-unes d'un effet puissant et nouveau, jouent sans cesse et font pleuvoir de véritables cataractes.

C'est par là que les Anglais brillent d'un éclat qui ne sera surpassé par personne. Leur immense déploiement de machines ressemble à un parc d'artillerie. Ils ont des machines à vapeur pour bateau, à quatre cylindres, de la force de sept cents chevaux, d'une perfection incomparable ; des locomotives nouvelles, gigantesques, à huit roues, du système de Crompton,

qui marchent, dit-on, à raison de vingt-quatre lieues
à l'heure, avec une aisance parfaite. Leurs presses
hydrauliques dépassent toutes les proportions connues.
Ils ont exposé les détails de leur pont tubulaire de
Menai, ce vaste tube suspendu dans les airs, au travers duquel passe un chemin de fer et sous lequel un
vaisseau de ligne peut circuler toutes voiles déployées.
Outre ces énormes appareils, on voit fonctionner de
toutes parts des centaines de petites machines qu'on
pourrait appeler charmantes et qui exécutent devant le
public les tours les plus ingénieux, depuis la fabrication des manches de couteaux jusqu'à celle des enve-
loppes de lettres.

Il est facile à un homme attentif de reconnaître, aux
divers procédés employés par les Anglais, quel est le
caractère distinctif de leur nation en matière d'économie politique. Ils travaillent surtout par leurs capitaux, et ils cherchent en toute chose les moyens mécaniques. Leur palais de cristal se compose de trois ou
quatre pièces de fonte tirées à quelques milliers d'exemplaires, dont ils pourraient, à la première commande,
publier cinq ou six éditions. Leurs toiles peintes, qui
n'égalent pas les nôtres pour le goût, les dépassent
par le bon marché, grâce à la force mécanique qui
leur permet d'opérer par millions de pièces et de
réduire à presque rien leurs frais généraux. La réforme hardie qu'ils ont faite de leurs tarifs et de leurs
lois de navigation a été une véritable augmentation de

salaires pour leurs ouvriers, auxquels leur gouvernement pense et pour lesquels il agit plus efficacement
que *les nôtres,* sans leur adresser jamais de fades
compliments.

Mais c'est surtout par le luxe des matières premières
que brillent les Anglais. Cette partie de leur exposition
sera visitée avec soin par les hommes sérieux qui
savent où la richesse commence et à quelle source un
peuple avisé doit aller la chercher. L'exposition anglaise
offre, sous ce rapport, un spectacle digne du plus vif
intérêt. Ils ont étalé avec une simplicité fière les
échantillons les plus variés de leur production souterraine. On compte, au dedans et même au dehors de
'enceinte du palais, des masses énormes de charbon
de terre de toutes leurs mines, avec des modèles en
petit de leurs bâtiments d'exploitation, les coupes minéralogiques du terrain et tous les accessoires de cette
curieuse industrie. Ils ont même exposé des échantillons de toutes leurs pierres à bâtir, de leurs ardoises,
de leur chaux, de leur plâtre, de leurs pierres meulières. Leurs mines de fer, de houille, de plomb,
d'étain, de cuivre, sont représentées par les plus
riches collections de minerai à tous les degrés de préparation, sur une échelle immense. Tout y est expli-
qué par des dessins, des modèles d'outils, d'usines,
de fourneaux, et les tours de main sont exécutés par
de petits mannequins pareils aux joujoux de nos
enfants.

5.

Évidemment, peu de leurs producteurs ont manqué au rendez-vous général, et plus on visite avec soin la grande galerie, c'est-à-dire la moitié de l'espace total, occupée par les Anglais, plus on est frappé du déploiement de puissance et de richesse de ce grand peuple.

La lutte n'existe en réalité qu'entre eux et nous. La Belgique et l'Allemagne méritent sans doute une attention particulière ; mais le véritable concours est entre la France et l'Angleterre. Toutes les autres nations ne joueront, dans cette grande épreuve, que le rôle de comparses. Elles reconnaissent elles-mêmes l'incontestable supériorité des deux grandes puissances industrielles de notre temps. Ce n'est pas, toutefois, qu'on puisse parler légèrement des efforts de l'Autriche, de la Prusse, du Zollverein et même de ceux de la Suisse ; mais tous ces contingents réunis ne sauraient entrer en ligne, pour le moment du moins, avec les deux premières nations manufacturières de l'Europe.

C'est en étudiant avec détail les mérites divers de tous les peuples appelés au concours général, que nous pourrons rendre à chacun l'hommage qui lui est dû. La Saxe, par exemple, a envoyé des cartes topographiques d'une perfection si admirable, qu'elles laissent loin derrière elles, pour la gravure, tout ce qui a été fait de plus étonnant par la France, l'Angleterre et l'état-major autrichien, si justement renommé en Europe. Il y a une carte des environs de Dresde qui est un véritable chef-d'œuvre en ce genre, et que nous signalons à l'attention de nos officiers. On peut juger du degré d'avancement de plus d'un art par de pareils modèles, qui honorent la nation capable de les produire. La cristallerie de Bohême a maintenu sa vieille réputation, que n'ont pas voulu affronter nos fabricants prohibitionistes. Mais la prohibition, messieurs, a fait son temps, et elle ne sera bientôt plus, comme la féodalité, qu'une insolence du passé.

Nous allons enfin pénétrer dans ces mystères des prix de revient, et nous saurons quel tribut paye la France à quelques manufacturiers qui ont levé jusqu'ici sur elle une véritable taxe des pauvres. Ceux qui n'ont pas voulu concourir ont implicitement avoué la vanité et l'inutilité du système protecteur. Ils ont craint qu'on ne mît à nu le vice d'un régime qui n'a d'autre résultat possible désormais que d'élever le prix des choses et de condamner la France à la cherté, tandis que partout ailleurs les autres nations travaillent à la conquête du bon marché.

La prohibition est un non-sens à la suite des expositions internationales. Est-ce pour nous faire subir le supplice de Tantale qu'on nous aurait convoqués à ce grand spectacle ! Quoi ! nous ne pourrions à aucun prix faire arriver à notre foyer domestique une peau de mouton ouvrée, un couteau, un rasoir, une coupe de cristal, une cheminée en fonte moulée, parce qu'il existe en France quelques particuliers aux intérêts desquels il semble convenir que ces produits soient prohibés !

Non, non, ce honteux état de choses ne durera pas longtemps. La France se lassera bientôt, je l'espère, du règne des orateurs *prohibants,* et elle profitera des leçons décisives qui jaillissent du spectacle que nous avons sous les yeux. Quand tout le monde saura que la Providence et le génie humain, qui est son plus bel ouvrage, ont créé par toute la terre les éléments du bien-être par le travail, et qu'il suffirait d'un peu de liberté commerciale pour les répandre, il ne sera plus possible de maintenir les restrictions qui nous ravalent au rang des peuples dans l'enfance. Tout ce que nous voyons ici ne saurait être une représentation théâtrale destinée à amuser des curieux, mais une enquête définitive à la suite de laquelle le vieil édifice chinois de l'isolement des nations s'écroulera sous le mépris public.

LETTRE QUATRIÈME.

L'exposition se complète et s'embellit de jour en
jour. Les retardataires arrivent, les vitrines se rem-
plissent; tous les produits seront bientôt à leur place,
et il sera désormais facile de les comparer entre eux,
sans avoir à craindre aucun oubli important. Les
grands résultats économiques commencent à se des-
siner nettement aux yeux des hommes exercés; ils seront bientôt visibles pour tout le monde. Le plus frappant de ces résultats, c'est que la lutte n'existe en
réalité qu'entre la France et l'Angleterre, au moment
où j'écris, mais qu'avant peu d'années elle deviendra
sérieuse avec l'Europe tout entière, et surtout avec le
continent germanique, armé de ses chemins de fer et
des procédés des arts, dont il fait la conquête tous les
jours.

Plus on étudie, dans le Palais de Cristal, la portion consacrée à l'industrie anglaise, plus on reconnaît que les Anglais n'ont rien négligé pour paraître avec tous leurs avantages à ce mémorable tournoi. Ils sont au grand complet, armés de toutes pièces. Eux seuls, peut-être, de tous les concurrents, sont en mesure d'être jugés sans appel, parce qu'ils ont fait valoir leurs moyens sans réserve. Les protectionistes les plus déclarés, qui avaient le plus combattu l'idée de l'Exposition, une fois l'Exposition décidée, n'ont plus songé qu'à y figurer noblement. Ils se sont exécutés de bonne grâce, et pas un seul manufacturier important n'a manqué à l'appel; ils étaient tous prêts et en tenue le jour de l'ouverture.

Ils occupent, nous l'avons dit, la moitié du terrain général consacré à l'Exposition tout entière, et ils s'y sont établis méthodiquement dans un ordre admirable. Toutes leurs machines fonctionnent aujourd'hui dans une suite de galeries où la vapeur arrive sous terre pour leur donner le mouvement. Soit par mesure d'économie, soit pour éviter le bruit effroyable de tant de métiers en action, chaque machine ne reçoit la vapeur que par intervalles, très-rapprochés d'ailleurs, de manière qu'une partie des appareils se repose pendant que l'autre travaille. Les contre-maîtres donnent partout au public l'explication des procédés; on file, on tisse, on brode, on fait des bas, du tulle, des rubans, de la toile. C'est une véritable encyclopédie industrielle en action. La vapeur arrive à des machines de vingt chevaux et à de petits modèles de la grandeur d'une table de jeu. Gardez-vous de passer sans attention devant ces innombrables instruments de production : il n'y en a pas un qui ne présente quelque amélioration nouvelle ou quelque perfectionnement de détail.

Aucune nation européenne, même parmi celles qui excellent dans la construction des machines, n'en offre une collection aussi brillante et aussi complète que l'Angleterre. Les Anglais sont véritablement là sur leur terrain naturel ; leurs presses hydrauliques, leurs locomotives, leurs machines à vapeur pour la navigation, dépassent toutes les proportions connues. Ils exposent des rails étirés de 20 *mètres de long* d'une seule pièce ; des *bielles* en fer forgé pour machines de 800 chevaux ; des bancs à filer de 1,200 broches, c'est-à-dire des instruments de mouvement ou de production gigantesques. Leurs grues, leurs pompes à épuisement, leurs wagons, leurs modèles de pont sont d'une hardiesse remarquable. On n'admire pas moins la perfection de leurs instruments aratoires, si variés et si différents des nôtres. A défaut d'autre étude, celle de ces instruments suffirait à prouver combien leur agriculture est avancée et digne de leur industrie.

Leur supériorité se manifeste d'une manière encore plus frappante dans tous les ouvrages de fonte et dans la coutellerie. Le fer et la fonte sont, avec la houille, les principaux éléments de la fortune du peuple britannique. Entrez dans le moindre village : partout où nous employons du bois, les Anglais emploient de la fonte ou du fer. Les barrières à l'aide desquelles ils retiennent le bétail dans la campagne ne sont autre chose que de petites bandes de fer plat, percées de trois ou quatre rangs de trous, par lesquels passent des fils de fer de moyenne épaisseur, disposés comme ceux de nos télégraphes électriques. Leurs escaliers dans les usines, leurs conduites d'eau, de gaz ou d'air, leurs devants de cheminée, les grilles de leurs parcs, les encadrements de leurs fenêtres, les rampes de toute espèce, leurs membrures, leurs toits, leurs cloisons, tout est en fonte, en fer ou en tôle.

L'observateur éclairé qui parcourt l'Exposition est surtout frappé de l'admirable perfection et de la variété de leurs outils, depuis la hache jusqu'au rabot, depuis les machines à forer jusqu'aux limes les plus délicates. Leur serrurerie, parfaitement *étalonnée,* s'adapte avec précision à toutes les clôtures. Leurs couteaux, leurs ciseaux, leurs rasoirs, leurs canifs, ces instruments indispensables de la vie usuelle, dont l'imperfection nous cause tant de petits ennuis journaliers en France, sont ici d'une solidité à toute épreuve et d'un prix extrêmement modéré. La quincaillerie et la taillanderie se ressentent aussi du prix de la matière première et de l'avantage d'une exécution mécanique.

Notre supériorité commence dès qu'il s'agit de goût et d'objets d'art, et cette supériorité, toute française, brille non-seulement dans notre lutte avec les Anglais, mais avec toutes les autres nations. La forme, l'élégance, la grâce, le je ne sais quoi, ce qui donne vie et âme à la matière, parfum aux fleurs, couleur aux objets, voilà l'apanage incontesté du génie français. Sous ce rapport, j'ose le dire sans préoccupation patriotique, notre exposition est écrasante, quoique incomplète. La question de prix, la question de travail, d'économie politique viendra plus tard, et nous la discuterons envers et contre tous; mais la question d'art et de goût, ce grand procès qu'on pouvait perdre, est gagné sans appel, de l'aveu de tous nos rivaux.

Voyez les Autrichiens, les Belges, les Espagnols même et les Anglais pour le travail artistique du bois, dans une grande et belle industrie, celle des meubles: assurément, ils ont exposé de sérieux ouvrages, tables, canapés, fauteuils, bibliothèques; mais quelle absence de goût! que de talent et d'habileté en pure perte, faute de dessin, d'art et de sentiment! Quelle comparaison peut supporter cette lourde bibliothèque allemande, hardiment exécutée d'ailleurs, avec la bibliothèque en palissandre des ouvriers de l'association ébéniste française! Quel meuble peut prétendre à un regard auprès du buffet de Krieger, de celui de Fourdinois et des ravissantes incrustations colorées de Crémer?

Il en est de même pour les bronzes et pour l'orfévrerie, quoique MM. Denière et Thomire aient fait
défaut, comptant sur leurs lauriers. Ils ont eu tort.
MM. Vittoz, Miroy, Barbedienne et tant d'autres, que
nous citerons plus tard, ont dignement représenté
cette grande fabrication. Anglais, Prussiens, Saxons,
Autrichiens, tout s'incline devant les œuvres de nos
fondeurs. Il y a dans ces œuvres une vigueur, un *brio*
si extraordinaires, que tout le monde en a été saisi.
Voilà les grands artistes! les gens de goût, les inven-
teurs, les gens qui possèdent le feu sacré des arts!
J'ai visité à plusieurs reprises l'Exposition entière avec
plusieurs habiles fabricants étrangers, qui exprimaient
tous leur sincère admiration pour tant de chefs-d'œuvre. Froment-Meurice et Odiot n'ont pas reçu moins
de compliments de la part de M. Garrard, de Londres.

Nous retrouvons partout cette flamme immortelle
du génie français [1], qui est pour nous ce que les mines de fer et de charbon sont pour les Anglais, et de
plus un capital inépuisable. Les manufacturiers de
Mulhouse ont à peine étalé leurs jaconas imprimés,

---

[1] J'ai reçu dans quelques feuilles ultra-radicales plus d'un
mauvais compliment pour avoir osé dire que la flamme du
génie des arts était pour nous comme un véritable capital. Ces
messieurs, qui portent souvent des bottes vernies, nous mettraient volontiers au régime des sabots, si Dieu voulait qu'ils de-
vinssent les arbitres du goût comme ils ont été un moment les
maîtres de notre pays.

leurs toiles peintes, leurs *perses,* leurs mousselines
de laine, que déjà la victoire est à eux. Allez voir les
mêmes articles au quartier anglais, au quartier autrichien, belge, saxon, suisse ou prussien : partout
vous serez forcé de reconnaître, avec les progrès qui
se sont accomplis, la supériorité définitive des étoffes
françaises. Et cette fois, la question des prix n'excite
plus aucun doute ; personne ne fait mieux et à meilleur
marché. Voilà pour 1 fr. 50 c. le mètre, des tissus pour
rideaux, ou plutôt de vraies masses de roses, de lilas,
de camélias, qui flottent dans les airs, sur des fonds de
calicot que M. Jean Dollfus trouve encore trop chers.

Jean Dollfus a raison. Jean Dollfus est un loyal et
habile manufacturier qui a parfaitement compris que
le bon marché était la grande affaire de ce temps, et
qui se jette dans la mêlée pour le triomphe des vrais
principes. Que dit-il? que veut-il? Une chose bien
simple. Il dit ceci : « Puisque nous sommes les premiers imprimeurs sur étoffes, et il a le droit de le
dire, car il est l'un des plus habiles, nous n'avons
qu'une chose à désirer, c'est que MM. les fabricants
de calicots nous fournissent la matière première de
nos toiles peintes au plus bas prix possible. Notre
avantage comme imprimeurs n'est affaibli que par notre
infériorité comme tisseurs. Nos tisseurs ne nous vendent les calicots à si haut prix que parce que les filateurs [1]

---

[1] M. Jean Dollfus, filateur lui-même, a démontré aux filateurs que leurs bénéfices étaient de 30 pour cent.

sont protégés par la prohibition au-dessous de certains numéros. Supprimons la prohibition, qui est absurde et impertinente de tout point, et nous verrons tripler, décupler peut-être l'industrie des toiles peintes. Nous achèterons du calicot blanc à meilleur marché et nous le revendrons embelli de mille couleurs. »

Sur ce, grande rumeur à Mulhouse, où il y a, comme ailleurs, beaucoup de fabricants ignorants en économie politique, moins tranchants et moins intolérants pourtant que MM. Lebeuf et Mimerel, ces grands maîtres dans l'art de fermer les portes et de bâtir des murailles de la Chine, et pour qui toute la France est à Creil et à Roubaix. Ces illustres *représentants du peuple* n'exposent rien à Londres. M. Lebeuf a craint pour la fragilité de ses soupières, et M. Mimerel a redouté la comparaison pour ses produits. Ceux qui pensent comme eux à Mulhouse ne veulent pas que nos imprimeurs qui impriment si bien, impriment à meilleur marché; que, par conséquent, ils fassent travailler plus d'ouvriers et créent plus de *travail national.*

Voilà le procès qui sera jugé à l'Exposition de Londres, soyez-en sûr, pièces en main.

Ah! monsieur, quel chagrin j'éprouve de penser qu'il y a plus de vingt-cinq ans que nous écrivons et que nous enseignons, mes maîtres et moi, pour démontrer à ce peuple qu'un bon couteau de trente sous vaut mieux qu'une mauvaise lame de trois francs, et que pour faire de l'acier, le fer de Suède vaut mieux que le nôtre! — C'est peu patriotique, nous dit-on, et vous êtes un ennemi du travail national. — Comme si le travail national n'avait pas intérêt au bas prix des matières premières, et comme s'il n'y avait pas en France des millions d'hommes qui se servent du fer, en regard de quelques milliers qui le produisent! C'est à ce grand concours de toutes les industries du monde qu'il est aisé de juger quelle est l'influence du bas prix des matières premières. Toute la fortune, aujourd'hui ascendante des Anglais, vient de là. Ils affranchissent tous les jours leurs matières premières et leurs objets de consommation. Pain, café, sucre, viande, thé, éléments de la nourriture, éléments du tissage, ils mettent tout à la portée du plus grand nombre, et voient croître à la fois le revenu de l'Etat et le bien-être des citoyens.

Quand on considère, dans ce vaste bazar de l'Exposition universelle, ce qui manque à chaque nation, il est facile de voir que c'est surtout la liberté de se le procurer à l'aide de ce qui ne lui manque pas. Les États-Unis exposent des matières premières variées en grand nombre, et des articles manufacturés peu abondants et très-médiocres. Leur intérêt est de nous vendre ces matières premières et d'acheter nos produits.

Avant de terminer cet aperçu rapide des faits généraux de l'Exposition, il convient de signaler l'intérêt qui s'attache aux pays aujourd'hui arriérés, jadis prospères, du vieux monde civilisé. Les produits de l'Inde et de la Chine représentent avec assez d'exactitude l'état de l'industrie tel qu'il était il y a deux mille ans, alors que la France et l'Angleterre étaient couvertes de forêts. Ceux de la Malaisie actuelle peuvent être contemporains de la fondation des pyramides d'Egypte. L'Exposition de Londres ne présente donc pas seulement les différentes industries des nations, mais celles des siècles; et ce n'est pas non plus un spectacle sans intérêt que celui de ces dépouilles d'animaux venus de toutes les parties du monde, tels que tigres du Bengales, lions d'Afrique, ours de Russie, castors d'Amérique, et jusqu'à des peaux d'hippopotames parfaitement tannées et à l'épreuve de la balle.

LETTRE CINQUIÈME.

Enfin, monsieur, la France a arboré son pavillon aux applaudissements de l'Europe entière, et d'ici à quelques jours, toutes ses industries pourront être appréciées à leur véritable valeur. La ville de Lyon s'est un peu fait attendre, comme il arrive parfois aux souverains de mauvaise humeur; mais personne n'y aura rien perdu. On eût dit que l'Exposition n'était pas ouverte tant que les merveilles de la production de cette ville n'y étaient pas. A présent que Mulhouse et Lyon ont fini leur étalage élégant, simple et synoptique, il faut voir accourir les myriades de curieux qui se pressent autour de ces brillantes galeries du premier étage : c'est un flot perpétuel de visiteurs qui viennent saluer la cité-reine de nos industries. On n'entend partout que cette exclamation : « *Beautiful! handsome! very*

nice ! » que je traduis librement par beau! magnifique ! admirable !

C'est le moment, monsieur, de rassurer nos compatriotes contre les bruits qui ont circulé à Paris, à
ce que j'entends dire, sur notre infériorité à l'Exposition de Londres. Ces bruits n'ont pu avoir de fonde-
ment que pendant les premiers jours, lorsqu'en effet
nous n'avions presque rien déballé et que le public
passait, fort étonné, devant nos vitrines vides et nos
caisses pleines de paille. C'était un spectacle affreux,
et d'autant plus déplorable, que les premières impressions sont durables et survivent parfois à la réalité qui
devait les modifier. Mais c'était la faute des exposants,
qui ont presque tous attendu jusqu'au dernier moment,
les uns pour achever, les autres pour expédier
leurs produits.

Tout est réparé aujourd'hui, et avant de commencer
l'examen comparatif de nos diverses industries avec
celles de nos rivaux, je puis vous confirmer, sans
préoccupation patriotique, ce que je vous avais fait
entrevoir dès mes premières lettres, que notre triomphe est certain sur presque toute la ligne, éclatant
surtout sur la ligne de Lyon. Ce n'est pas que je
ne voie apparaître à l'horizon des puissances mena-
çantes ; je vous les nommerai seulement, en attendant
plus ample informé : la Suisse a des rubans, l'Italie a
des velours, et l'Espagne a des articles de soie qui
méritent la plus grande attention. La Chine, dont je

vous parlerai tout à l'heure, a des crêpes et des châles
bien remarquables, même pour le goût des broderies.
Mais tenez pour certain que nous restons les maîtres,
les arbitres incontestables de l'initiative et de l'art. Un
Anglais, qui s'y connaît, me disait hier : « Nous avons
la quantité, vous avez la qualité. » L'Anglais avait
raison.

Il sera facile de démontrer que nous pourrons bientôt avoir l'une et l'autre : il suffira de laisser entrer les
matières premières du travail au plus bas prix où on
les trouve, en quelque lieu du monde que ce soit. Ce
qui nuit le plus habituellement au débit de nos articles, c'est leur cherté relative, et cette cherté vient
surtout du haut prix des matières premières. Dès qu'il
sera bien compris que le génie national assure à nos
œuvres une valeur supérieure à celle que leur donnent les autres nations, le seul moyen de ne pas perdre notre supériorité sera de ne pas permettre à ces
nations de se procurer les éléments du travail à meilleur marché que nous.

C'est une question de douanes; car pour ce qui est
de l'art et du goût, ce feu sacré ne peut se dérober ;
l'Exposition universelle le prouve bien, et me le prouve
à moi au delà de mes espérances même. On ne nous
enlèvera pas plus ce privilége-là que la douceur de
notre climat et la grâce de nos femmes. Je vous demande si la grâce peut s'apprendre ou s'acheter.

Ainsi, monsieur, en attendant que nous reprenions

ce grave sujet, naturellement réservé pour la fin de nos études, je puis résumer ici en peu de mots la position qui ressort pour nous de l'état présent à l'Exposition universelle. Nous sommes évidemment sans rivaux pour la *forme*, le *dessin* et la *couleur* en toute chose : orfévrerie, ébénisterie, bronzes, papiers peints, toiles peintes, articles de fantaisie, instruments de précision, arquebuserie. Nous n'avons pas paru en matière de poterie et de cristaux. Saint-Louis et Baccarat ont déserté devant l'Angleterre et la Bohême.

Nous avons peu de machines, et bien mal avisé serait celui qui jugerait de la puissance française par ce que nous avons exposé en ce genre, quoique nos produits soient fort beaux. Nos manufactures toujours royales, Sèvres, Beauvais, Gobelins, occupent une salle spéciale qui fait l'admiration de tous les visiteurs. Nos orgues, nos pianos, retentissent magistralement dans toute l'Exposition. On parcourt toutes les galeries pour y voir une foule de choses utiles ; on revient sans cesse aux galeries françaises pour y connaître les vrais types du beau. Ce matin même, monsieur, j'avais l'honneur d'accompagner à l'Exposition madame la duchesse d'Orléans, qui nous disait, avec une satisfaction visible : « Décidément, messieurs, la France est toujours la France, et sa grandeur brille ici d'un éclat nouveau par la comparaison ! »

Je vais maintenant conduire vos lecteurs sur le terrain le plus propice aux comparaisons entre nos industries européennes et celles de l'ancien monde : je veux parler de l'Inde anglaise et de la Chine, qui ont étalé à l'Exposition universelle des produits vraiment extraordinaires par leur confection et par leur variété. Les fabricants de tout genre et de tout pays feront bien d'étudier les articles de la Chine et de l'Inde, car ils y trouveront de précieuses indications pour renouveler ou modifier leurs dessins, leurs formes, et même *l'armature* de certains métiers à tisser. La collection des produits de l'Inde anglaise est particulièrement intéressante en ce sens qu'elle est plus neuve et moins connue que les articles chinois. Elle est aussi plus complète, et il est facile de voir que les ordres du gouvernement anglais n'ont pas été sans influence sur le soin avec lequel elle a été réunie.

Quiconque ne connaît l'Inde que par les livres, et il n'y en a pas de meilleur sur ce sujet que celui de notre infortuné compatriote Jacquemont, peut la voir ici palpitante et réelle, sans peine et sans fatigue. Elle y est tout entière ; le climat seul y manque, et j'ose dire que cette collection suffirait pour attirer en Angleterre des millions de visiteurs.

La première chose qui frappe les regards est une double collection militaire et navale, celle de toutes les armes du pays et de tous les navires, grands ou petits, qui naviguent dans ces mers lointaines. Que de moyens de détruire ! que de formes diverses de fusils, de canons grossiers, de pistolets, de flèches, de sabres, de poignards enjolivés de toute façon, poignards à lames droites, à lames courbes, poignards dorés, niellés, yatagans, outils pour tuer, effrayants et charmants, et bien peu pour produire! On dirait que la vie est trop longue dans ce pays-là, et qu'elle est un mal dont on ne saurait trop tôt se débarrasser. Les navires aussi semblent plutôt construits pour la piraterie que pour le commerce. Voyez ceux de Mindanao, à deux rangs de rames et à voiles carrées; les *sampans* de Singapore à voiles latines; le *bateau-serpent* de la Cochinchine à petites pelles en guise de rames, et toute cette flotte d'écumeurs de mer, que balayent peu à peu dans ces archipels de voleurs les frégates à vapeur de l'Angleterre : n'est-ce pas l'image de ce vieil Orient qui cède tous les jours à l'ascendant du génie européen?

L'étude en est d'autant plus facile et curieuse à l'Exposition, que les Anglais n'ont rien oublié [1]. Il n'y a peut-être pas une seule profession qui ne soit représentée par une statuette en costume de l'emploi, costume souvent bien léger, qui donne une idée du climat, et surtout de la condition des peuples de ce pays. Quand on voit ces lourds palanquins, portés par des

---

1 M. Théophile Gautier a publié, au point de vue de l'art, avec l'autorité qui lui appartient et avec les vives couleurs de son style, quelques articles très-remarquables sur l'exposition de l'Inde. Je suis heureux d'avoir vu mes premières appréciations partagées par un juge aussi compétent.

gens demi-nus, avec une allure de bêtes de somme, et en même temps l'éclat des meubles brodés d'or, celui des tissus d'or brodés de pierreries, tout ce luxe oriental, créé par tant d'indigence, ne fait que trop connaître le sort de l'espèce humaine dans ces vieux points de départ de la civilisation. C'est bien là qu'il est facile de voir que si le socialisme est une chimère, la misère est une réalité. C'est là, ce n'est pas chez nous que l'homme est vraiment exploité ; c'est là que sont les vrais parias, condamnés à produire sans consommer, à travailler sans salaire, à vivre sans espérance !

Les travaux de leur industrie sont pourtant dignes du plus vif intérêt. Si nos prohibitionistes avaient daigné paraître à l'Exposition universelle, nous aurions pris la liberté de leur indiquer la collection des poteries de l'Inde, dont les formes sont contemporaines de la conquête d'Alexandre, et méritent par leur variété et par leur originalité l'attention de tous les hommes qui s'occupent de céramique. Ces poteries, fines ou grossières, forment un véritable musée, d'une couleur locale saisissante, et qui doit être d'un grand prix, car j'ai vu avec regret qu'il était défendu d'en posséder des dessins *sans permission :* mais il n'est pas interdit d'en prendre une idée.

Cette Exposition est une *mine d'idées.* Les deux ou trois délicieux petits salons consacrés aux tissus de l'Inde, depuis les châles jusqu'aux plus minces fichus de fantaisie, me semblent capables de révolutionner à eux seuls l'industrie des nouveautés.

Envoyez-y donc le plus d'ouvriers que vous pourrez. Que ne peut-on les envoyer tous ici! Que de créations, de richesses seraient le fruit de ce voyage! Que d'étoffes nouvelles nous pourrions fabriquer à l'aide de ces dessins âgés de trois mille ans! Il me semble d'ailleurs, monsieur, que, puisque la république de Platon est à la mode à Paris, nous devrions aussi étudier l'industrie contemporaine d'Aristote, dont l'élève a fait jadis la conquête de l'Inde.

Il y a eu une grande industrie en Orient du temps d'Alexandre, comme il y en a eu une en Europe du temps de Napoléon. Si ces deux grands hommes pouvaient se rencontrer aujourd'hui à Londres, ils retrouveraient l'un et l'autre les meubles de leur cabinet et les épées de leurs soldats; il ne leur manquerait que les héros. Les hommes de ce temps-ci sont plus ingénieux, mais ils sont plats. Laissons-les donc tranquilles, et revenons à nos Indiens.

Ce qui donne un prix particulier à cette partie de l'exhibition anglaise, c'est qu'il est impossible de la retrouver ailleurs, en gros ou en détail. La plupart des articles indiens n'étant pas conformes aux goûts européens, il en vient ordinairement très-peu en Europe, et nous ne pouvons pas adapter à nos usages tout ce qui leur serait applicable à l'aide de quelques modifications de peu d'importance. J'admirais hier, par exemple, plusieurs tissus orientaux brochés d'or et d'argent, auxquels il suffirait de faire subir un léger changement pour les transformer de la manière la plus originale, et les approprier au goût délicat et raffiné de nos femmes. Un filet de soie blanche substitué à l'argent, un filet de soie jaune à l'or, et tout serait accompli. Encore une fois, monsieur, envoyez-nous des ouvriers par centaines. Prêchez cette croisade. J'ose affirmer que pas un bon ouvrier ne peut venir passer quinze jours ici sans tripler ce que nous autres économistes nous appelons son *capital moral,* son capital à lui, sa valeur intrinsèque, par conséquent sans être devenu plus riche.

L'exposition de l'Inde a aussi pour moi son côté philosophique et politique. Quand, il y a quelques années, le brave général Allard me confiait l'éducation du fils adoptif de Rundjet-Sing, le *maharadjah* ou roi de Lahore, j'étais loin de penser que ce grand empire des Cinq-Rivières tomberait sitôt aux mains des Anglais, et que je rencontrerais un jour, dans un recoin obscur de l'exposition de Londres, le plan en relief de la ville de Lahore, avec sa triple enceinte de fortifications, hélas ! bien inutiles. Quinze années sont à peine écoulées, et le général Allard est mort, Rundjet-Sing est mort, son empire est mort, et mon jeune ami est mort. J'ai rencontré à Londres bien d'autres grandeurs qui m'étaient plus chères et qui sont tombées aussi. Pourquoi? Dieu le sait. Respectons ses décrets; mais j'ai souvent peine à les comprendre !

Je veux pourtant faire trêve à mes regrets pour vous entretenir d'une découverte qui se rattache, par Calcutta, à l'exposition indienne, quoique cette découverte soit exploitée en Écosse : c'est l'introduction d'une matière textile nouvelle qu'on appelle ici *jute*[1], qui tient le milieu entre le chanvre et le coton, et par laquelle les Anglais espèrent se soustraire à la tyrannie du coton américain. Le *jute* est une espèce de chanvre qui pullule dans les plaines du Bengale et qui possède, chose curieuse, avec les propriétés du lin, celles du coton, c'est-à-dire la faculté de se peigner en brins parallèles et celle de se carder. Un industriel distingué, le chevalier Claussen, est parvenu à la blanchir d'une manière si parfaite, qu'il n'y a pas de soie plus éclatante que le *jute,* après le blanchiment obtenu par un procédé nouveau dont je fais grâce à vos lecteurs, quoiqu'il constitue l'application la plus curieuse qui ait jamais été faite de la chimie à l'industrie, procédé qu'on pourrait appeler le *blanchiment par distension.*

Le *jute* peut donc se réduire en filaments parallèles comme la soie, et en laine comme le coton. Il se combine également bien avec la soie, la laine, le fil et le coton. Ses mélanges sont aussi curieux que son emploi

---

[1] Les Indiens donnent au *jute* le nom de *paât.* C'est l'écorce filamenteuse du *corchorus capsularis.*

isolé. Les Anglais en exposent des flanelles, des tricots, des toiles, du drap. Il prend avec une égale facilité toutes les couleurs, et si, comme on l'espère, l'expérience qui s'est déjà faite sur plus de vingt mille tonnes importées réussit complétement, les Anglais pourront s'affranchir un jour du joug américain et tirer de leur sol indien une matière première inépuisable. J'ai trouvé tous les hommes compétents assez vivement impressionnés de cet essai, qui est d'une grande importance, s'il est décidément l'inauguration d'une nouvelle matière textile dans le monde. Ce serait peut-être le fait le plus intéressant de l'exposition universelle.

Vous me permettrez d'y revenir et d'ajourner à une prochaine lettre le compte rendu de la Chine, des Chinois et des Chinoises, qui sont infiniment moins beaux que leurs produits.

LETTRE SIXIÈME.

Monsieur, je ne puis m'empêcher de ramener vos lecteurs à l'Exposition des produits de l'*Inde* britannique. C'est tout un monde industriel nouveau pour nous, par son antiquité même, qui remonte aux temps héroïques, et par son caractère d'originalité à nul autre semblable. La compagnie des Indes a dépensé plus de deux millions de francs pour paraître dignement à cette grande fédération des nations. Elle a voulu que son empire de cent cinquante millions de sujets fût dignement représenté, et elle y a parfaitement réussi. Depuis le commencement de l'Exposition, nous voyons tous les jours apparaître des produits nouveaux, plus admirables les uns que les autres et qui attirent au plus haut degré l'attention des visiteurs.

L'art indien mérite, en effet, cette préférence : il ne ressemble à aucun autre. Il n'a point la bizarre-

rie du goût chinois, ni la régularité grecque et ro-
maine, ni la vulgarité moderne : c'est un art à part,
conséquent avec lui-même, plus sobre qu'on ne pense
jusque dans ses écarts, et qui semble n'avoir jamais
varié ni emprunté quelque chose à autrui. Dans la
céramique, il est plein de grâce et de simplicité. Les
courbes sont d'une nature ondulée, souple et flexible,
comme les allures du serpent; aussi riches et aussi
variées dans la poterie grossière que dans la poterie
fine. On en compte des milliers de modèles, qui ne
sauraient manquer d'être imités en France, car nos
fabricants ont sous les yeux l'Inde entière.

Évidemment, l'art de tisser les étoffes est arrivé,
dans ce pays, à un état fort avancé. Sans parler des
châles de Cachemire, qui sont devenus les types du
genre, tout ce que la compagnie des Indes a exposé
semble une collection de chefs-d'œuvre. Mousselines
brodées d'or, fichus diaprés de mille couleurs,
écharpes éclatantes du goût le plus exquis, tapis de
table émaillés de fleurs, tissus de toute espèce *niellés*
de vert émeraude, selles, manteaux, étoffes pour tentures, mouchoirs d'odalisques à petits carreaux d'un
rouge tendre, quadrillés d'argent, toutes les nuances
que la nature a prodiguées aux ailes des papillons se
retrouvent dans cette collection indienne, qu'une compagnie aussi puissante que celle des Indes pouvait
seule réunir par ses ordres souverains. L'Orient tout
entier est accouru à sa voix.

Rien n'y manque. Toutes les professions du pays figurent sous la forme des gens qui les exercent. Pauvres gens! vêtus du climat, nourris d'un peu de riz, logés habituellement sous la voûte des cieux ou des arbres, payés Dieu sait comment! nous les voyons dans leurs attitudes de labeur, leurs outils à la main, leurs petits métiers devant eux : ils vivent réellement sous nos yeux. La compagnie des Indes n'a pas même oublié les instruments de musique qui les charment et qui me font peur. Venez voir cela, mon cher Auber, vous trouverez peut-être quelques nouveaux moyens d'acoustique dans cette espèce de cymbale à vingt disques enfilés par le milieu, autour d'un grand cercle d'un mètre de diamètre; dans ces petits tam-tams aigres-doux qui passent si vivement du plaisant au sévère, et dans ces mandolines primitives à cordes de cuivre doré.

Voici les selles d'éléphants, les attelages d'hommes, les palanquins pour vous porter. Toute cette étrange civilisation s'explique à merveille par ses œuvres; *luxe* et *indigence* la résument en deux mots.

C'est ici, monsieur, qu'il faut étudier l'histoire de l'Inde ancienne et moderne. Elle se complète par le tableau de tous les arts utiles, et le monde oriental y semble vivre de sa vie usuelle, si étrange, si lourde et si monotone. Je ne vous parle pas des diamants, devant lesquels la foule des visiteurs est en extase; je vous laisse à penser le cas qu'on peut faire des commissaires-priseurs du fameux *Kou-i-nor*, qui raisonnent ainsi : « Le diamant a coûté un million il y a tant d'années; si cette somme avait été cumulée avec les intérêts, elle représenterait aujourd'hui 50 millions. Donc le diamant vaut 50 millions. » Nous n'admettons ni cette arithmétique, ni cette économie politique. Les diamants m'ont toujours paru la chose la plus folle et la plus inutile, quoique les femmes, dit-on, les recherchent comme l'ornement suprême. Pour moi, je préfère l'aphorisme espagnol : *A la jeunesse les amours, à la vieillesse les respects.* C'est moins cher.

J'insiste beaucoup sur le mérite particulier de la collection indo-britannique. Elle a produit une grande sensation sur tous les industriels, et elle mérite la plus sérieuse attention à l'époque de transition où nous sommes. L'intérêt qu'elle excite augmente chaque jour à la vue des merveilles qui sont comme une véritable révélation de cet art antique et original. Il est à craindre, toutefois, que notre industrie ne puisse pas profiter des échantillons que la compagnie des Indes a réunis, car on ne trouve nulle part à se les procurer.

Je n'en dirai pas autant de la Chine. La Chine est plus connue et moins digne d'être imitée. Son goût bizarre et fantastique ne mérite pas autant d'estime et d'attention que le génie industriel des Indiens; mais jamais peut-être elle n'avait paru sous un aspect plus flatteur qu'à cette exposition. Les hommes compétents ont surtout été frappés de l'abondance de ses matières premières et particulièrement de la beauté de ses soies. Elles y brillent, par masses, d'un éclat spécial qui n'a d'égal que le succès de ses châles de crêpe brodés, de ses poteries classiques et de ses merveilleux ouvrages d'ivoire, de corne et de marqueterie. Au demeurant, le peuple chinois est un peuple d'une industrie très-avan-cée, quoique opiniâtre et presque immobile. Tout ce qu'il a date de loin, et il avait ce que nous avons long-temps avant que nous en eussions fait la conquête. Il avait inventé la poudre avant nous; il connaissait la boussole avant que nous l'eussions découverte, et nous avons vu à Londres des produits dont la fabrication remonte à 1753 ans avant Jésus-Christ, c'est-à-dire à plus de 3,500 ans, et qui sont remarquables par leur excellente exécution.

Les Anglais ne pouvaient manquer de nous offrir plusieurs riches collections de thé, et il y en a de fort belles à l'exposition. Mais cet article présente aux An-glais seuls un intérêt sérieux. Eux seuls peuvent trou-ver du charme aux innombrables variétés de thés verts et noirs, dont la préparation est encore un mystère, malgré toutes les monographies publiées sur cette sub-stance alimentaire. On en compte plus de cinquante sortes, toutes aussi différentes les unes des autres que le blé est différent de l'avoine, et chaque jour en fait connaître de nouvelles. Le thé Caper, l'Orange-Pekoe,

le thé Vulan, le Chulan, le thé Assam, le Congo, le
Pouchong, le thé Padre, celui des jésuites, et une foule
d'autres thés verts, noirs, gris, argentés, *orangés,* se
disputent la faveur de la consommation, qui ne s'élève
pas à moins de 3 ou 400 millions de francs par année. Ces excellents Chinois reçoivent en échange de leur
breuvage salubre les caisses d'opium que vous savez.

L'Exposition universelle eût manqué de couleur locale
si le département de la Chine n'avait pas exhibé aussi
quelques Chinois. Il y en a quelques-uns de fort laids
et de fort mélancoliques dans la galerie consacrée aux
produits de leur pays. On les reconnaît aisément à leur
costume pittoresque, à leurs petits chapeaux en enton-
noirs évasés, sous lesquels pend une longue queue
tressée qui traîne jusqu'à terre, à leurs pommettes
saillantes, à leurs yeux en amande et obliques, à leurs
souliers étranges rehaussés d'une semelle épaisse et
bombée. On montre aussi, dans les environs du Palais
de Cristal, une Chinoise qui passe pour maîtresse de
musique et qui attire un grand nombre de curieux,
jaloux de voir ses petits pieds, très-singuliers, en
vérité. Les Chinois sont représentés, en outre, depuis
longtemps, par une jonque de cinq ou six cents ton-
neaux, ancrée dans la Tamise, et qui n'a pas effectué
sans péril le trajet de Canton à Londres.

Quiconque veut donc étudier la Chine de près, sans
fatigue et presque sans dépense, n'a qu'à faire aujour-
d'hui le voyage de Londres, et ses vœux seront accom-

plis. Il y joindra le voyage de l'Inde et bien d'autres, tous également fructueux. Nos industriels commencent à se ressentir de celui qu'ils ont fait pour eux-mêmes. Un grand nombre d'objets exposés sont déjà placés avec avantage. Je pourrais vous citer un de nos fabricants de bronze qui a reçu jusqu'à quatre commandes d'un groupe de fantaisie, dont le dessin est dû à l'un de nos plus habiles artistes ; mais, par compensation, je rencontre tous les jours, parmi les produits anglais, des œuvres exécutées par des ouvriers français, que la détresse de 1848 a forcés de venir chercher fortune en Angleterre. Cette révolution aura été pour beaucoup d'entre eux une seconde édition de la révocation de l'édit de Nantes.

Je compte vous entretenir, dans ma prochaine lettre, de deux pays qui sortent de leurs ruines, aux deux extrémités de l'Europe, avec un égal éclat, l'Espagne et la Turquie. En attendant, je dois vous instruire sommairement du mouvement d'idées qui se manifeste de plus en plus autour de l'exposition. Les résultats dépassent toutes les espérances. Les recettes fabuleuses que l'on fait tous les jours [1] auront bientôt couvert toutes les dépenses, sans que la curiosité paraisse s'épuiser. On voit exhiber sans cesse de nouveaux produits dans tous les compartiments de l'édifice. La ville de Lyon achève d'étaler ses magnifiques

---

[1] Celle d'hier a dépassé 100,000 francs.

soieries dans toute leur splendeur. La Turquie a improvisé, depuis quarante-huit heures, un véritable musée, remarquable par la distinction des articles et par leur distribution à la manière des bazars de Constantinople. Partout, en un mot, règnent la vie et l'activité.

Mardi prochain doit commencer l'admission du public à raison de 1 shelling par jour. Ce sera une véritable inondation, car la foule est déjà si grande en ce moment, où les billets coûtent 6 francs, que la circulation devient assez difficile vers cinq heures du soir. De quelque côté qu'on se tourne, on est captivé par mille objets intéressants, importants, saisissants. Il faut se créer une méthode particulière d'observation, une division systématique du travail, sous peine d'être absorbé par l'ensemble. L'ordre le plus parfait règne d'ailleurs partout, dans ce pays où la loi se fait respecter sans distinction de rangs.

LETTRE SEPTIÈME.

Arrêtons-nous aujourd'hui, monsieur, en Espagne et en Turquie, aux deux extrémités de l'Europe, qui se touchent à l'exposition, et qui se ressemblent par leur mouvement ascendant très-prononcé depuis quelques années. La Turquie et l'Espagne ne sont pas, comme on le croit communément, des pays usés : ce sont des pays vierges. Le véritable esprit de progrès y prospère beaucoup plus réellement qu'en d'autres lieux qui passent pour être des foyers de lumière et qui propagent parfois l'incendie plutôt que la civilisation. J'ai visité l'Espagne et la Turquie, il y a peu d'années, et j'ai trouvé ces deux nations plus avancées que jamais dans la voie qui commençait à s'ouvrir devant elles. Leurs produits méritent une attention sérieuse, même à côté de ceux des grandes régions industrielles qui absorbent en ce moment l'admiration du monde [1].

L'Espagne a été pendant longtemps une brillante arène où les arts manufacturiers ont brillé d'un éclat qui cherche à renaître. Ses fabriques d'armes, de papiers, de soieries, de draps, d'orfévrerie, de tapis, ont occupé un rang honorable en Europe. Sa typographie a vu de beaux jours. Ses ouvriers ont eu un mérite rare, celui d'être originaux, sans tomber dans le faux goût qui a infesté un instant leur littérature. Ils ont emprunté aux traditions arabes une foule de procédés utiles et de formes charmantes, qu'ils ont appropriées avec sobriété et avec intelligence aux besoins de leur temps. Ils n'ont jamais été plats et vulgaires, même alors que la flamme de leur génie semblait s'éteindre sous la pression du fanatisme. Ils sont tombés avec fierté ou avec tristesse, comme tombent les Castillans, toujours prêts à se relever et toujours dignes de respect.

Leur exposition à Londres n'est pas très-abondante. Ils se sont montrés presque aussi indifférents ici qu'ils le sont habituellement dans leurs expositions natio-

---

[1] Mon excellent confrère et ami, M. Ramon de la Sagra, l'un des commissaires espagnols, a publié à Londres, sur l'exposition de l'Espagne, une notice complète et pleine d'intérêt. Il est à regretter que les commissaires des autres nations n'aient pas suivi son exemple : ces documents eussent été d'un grand secours aux visiteurs.

nales, où ils ont toujours figuré en petit nombre, soit que ces fêtes nouvelles du monde matériel excitent moins leur enthousiasme que celles qu'ils avaient coutume de célébrer dans leurs temples, soit que la distance les ait effrayés, à cause du mauvais état de leurs routes. J'ai déjà dit qu'ils avaient envoyé plus de matières premières que de produits fabriqués : j'y persiste, et j'ajoute qu'ils ont bien fait. L'Espagne est surtout un pays riche en produits naturels, et je ne crois pas lui faire injure en affirmant que ses vins, ses huiles, ses marbres, ses métaux, lui feront plus longtemps honneur et profit que ses draps et que ses cotonnades. Mais on ne doit pas moins honorer les efforts qu'elle tente pour entrer dans la voie du travail manufacturier, au moment le plus vif de la lutte qui s'est établie entre les nations européennes.

Les produits qu'elle expose sont de très-bonne qualité. On a particulièrement remarqué des draps bleus et noirs, les noirs surtout, qui sont fabriqués avec les meilleures laines du pays et qui peuvent soutenir la comparaison avec les qualités correspondantes dans les ateliers étrangers. Les soieries de Valence ont aussi maintenu leur bonne réputation, mais elles laissent beaucoup à désirer pour l'apprêt, pour le dessin et même pour les nuances. Un essai de dentelle noire brodée en couleur a été moins heureux : peut-être est-ce une innovation appelée à obtenir quelque succès dans les colonies ; de beaux et bons échantillons de toiles à voiles et de câbles témoignent aussi de la reprise de l'industrie des tissus de fil, qui possède de grands éléments d'avenir dans cette contrée.

Les Espagnols ont exposé peu d'armes, mais de leur fabrique de Tolède, le pays des bonnes dagues et des épées flexibles qui entrent dans le corps avec la souplesse des reptiles. Quelques nécessaires de pistolets et deux canons, l'un en bronze, l'autre en fer battu, celui-ci, dit-on, forgé à coups de marteau par les carlistes pendant la guerre civile, complètent leur collection d'armes, qui suffit à prouver de quoi ils sont capables en ce genre. Fasse le ciel qu'ils aient à employer leur fer à autre chose ! Ce fer est vraiment excellent et peut aller de pair avec le fer de Suède. On remarque aussi à l'exposition espagnole de fort beaux échantillons de leurs peaux de chevreaux pour gants, que je considère comme les plus souples de la terre et les plus dignes de protéger des mains de femme. Que n'y a-t-il aussi dans la galerie espagnole quelques-unes de leurs admirables femmes, de celles qui excitent l'enthousiasme des grandes choses ! Les belles visiteuses du Nord sont si froides, si compassées ! elles ont l'air de sortir d'un prêche presbytérien.

Pardonnez-moi cette digression, monsieur, car les femmes sont ici en majorité, et l'on croirait vraiment que c'est par pure galanterie pour elles que les Anglais ont organisé l'exposition. Elles sont infatigables. Elles mangent comme des ogres, à tous les buffets. La détestable mode de la *crinoline* et même des paniers, qui s'est emparée d'elles, leur donne un volume vraiment fantastique qui diminue chaque jour l'espace resté libre pour la circulation. Nos malheureuses étoiles ont fort à faire pour n'être pas entraînées dans l'orbite de ces immenses planètes, qui se pressent comme les soleils lointains, froids et inconnus de l'astronomie, dans le monde de l'Exposition. C'est même quelque chose d'étrange et de curieux à voir que cette exposition dans l'Exposition : mais celle-là prouve du moins qu'ici les femmes prennent, par leur instruction, une part véritable aux progrès de l'industrie, et qu'elles s'occupent sérieusement des intérêts et des travaux de leurs maris.

Aussi les voyons-nous empressées comme des industriels ou des savants autour des matières premières rangées avec beaucoup d'ordre et de simplicité dans la galerie espagnole. Elles admirent les laines de l'Estramadure, les soies de Valence, les minerais de plomb, les marbres et surtout les fruits confits de Malaga. Cette collection est de toute beauté. C'est par sa richesse minérale inépuisable que l'Espagne refera sa fortune. Elle trouvera dans ses propres entrailles de quoi nourrir ses enfants. La richesse minérale est aujourd'hui le point de départ de toutes les autres. Quand on a le fer, le plomb, le soufre, le mercure, et même, si j'en juge par de fort beaux échantillons envoyés de la Galice, — quand on a l'étain et le cuivre, on possède les bases essentielles de toutes les fabrications. Je souhaite à la glorieuse Espagne de ne pas chercher ailleurs, au détriment de sa fortune *naturelle,* une fortune artificielle fondée sur des tarifs et des prohibitions, qui ne lui donneraient pas des manufactures et qui lui rendraient la contrebande, sans parler du paupérisme industriel avec toutes ses conséquences.

On peut aussi former le même vœu pour la Turquie. La Turquie aspire aujourd'hui, avec beaucoup d'honneur pour elle, à compter parmi les nations civilisées. Le jeune sultan essaie loyalement de marcher sur les traces de son père, et il a trouvé dans Rechid-Pacha un conseiller éclairé et un auxiliaire résolu. C'est certainement à leur puissante intervention qu'il faut attribuer le succès obtenu par l'exhibition turque. Elle est vraiment remarquable, et même, après avoir visité les bazars fameux d'Andrinople, de Constantinople et de Smyrne, je ne me serais pas attendu à trouver tant de diversité, de richesse et de goût dans les articles qui ont été envoyés du Levant. Je salue, en passant, la petite exposition grecque, où nous avons retrouvé les marbres classiques de Paros et le miel du mont Hymette. La postérité d'Homère et de Périclès a cultivé, depuis, les raisins de Corinthe, et elle exploite aujourd'hui les éponges et l'*écume de mer,* qui sert, pardonnez-leur, ô dieux immortels, à faire des pipes! Pour moi, je voue tous les fumeurs aux dieux infernaux.

La Grèce a envoyé quelques beaux marbres noirs et des garances qui valent bien celles de Chypre. Les noix de galle, la gaude, deviendront bientôt des éléments de richesse pour ce pays ami de la France, qui a toujours eu nos sympathies et dont le réveil a contribué peut-être à celui de ses anciens maîtres.

Je commence par avouer, en vous rendant compte de l'exposition turque, que j'ai été fort étonné de n'y trouver que des tapis vulgaires, solides comme ils les font tous et presque inaltérables; mais le choix en est malheureux. Les tapis turcs sont peut-être les produits les plus susceptibles d'échange qui viennent de ce pays, et l'on n'aurait dû n'exposer que les plus distingués par le dessin et par la couleur. J'ai besoin de dire qu'ils payent à leur entrée en France des droits exorbitants, et que sans cette protection abusive, il y a longtemps que notre pays aurait pris l'habitude de ces précieux tissus, dont la consommation est presque nulle et devrait être immense. Nos compatriotes peuvent s'assurer par eux-mêmes, en Angleterre, qu'il n'est pas de lieu si secret où la propreté ne soit défendue par des tapis. C'est l'importation des châles de Cachemire qui a fait la fortune des châles français; c'est l'importation des tapis turcs qui décidera parmi nous la consommation des tapis français.

Les Turcs ont disposé leur exposition avec beaucoup d'art. Elle ressemble à un joli bazar, plus clair et plus coquet que ne sont les leurs, où les marchandises sont étalées à la manière orientale. Je ne parlerai pas de quelques essais de toiles peintes qu'il ne faut pas encourager, car ils sont affreux et impardonnables, en raison de l'état avancé de cette industrie dans les pays les moins industrieux : mais leurs soieries légères, leurs étoffes brochées d'or, méritent l'attention, même auprès des produits analogues de l'Inde britannique. Les Turcs feront beaucoup mieux de se livrer à la production des matières premières, et surtout des matières tinctoriales. Leurs soies de Brousse ont de la réputation : leurs garances, leurs kermès, leurs sésames, leur riz, leur opium, leurs cuivres, leurs peaux, deviendront de jour en jour des articles plus demandés, dont l'industrie européenne ne peut se passer. Il est utile pour eux comme pour nous de leur dire qu'ils feraient fausse route en négligeant leurs productions naturelles, d'un débit assuré, en vue d'un progrès manufacturier plus que douteux.

Voilà ce que l'Exposition universelle apprendra à bien des gens. Elle arrêtera les capitaux prêts à se précipiter vers les utopies industrielles, pour les diriger sur le terrain plus solide de l'agriculture et des matières premières. Si nous voulions tous fabriquer *toute chose à tout prix,* nous courrions le danger de manquer des matières les plus indispensables à la production, et de périr ou par l'insuffisance ou par l'encombrement. Les Anglais sont aujourd'hui plus dépendants du coton des Américains que de leur propre fer.

Le fait caractéristique de la civilisation, c'est l'accroissement de cette dépendance mutuelle des peuples, qui
est la garantie la plus solide de la paix. Les Turcs
pourront juger par les besoins que l'Exposition leur
aura révélés, de la direction qu'ils doivent donner à
leurs travaux renaissants. Il suffit que cette Exposition
les ait, pour me servir d'un terme vulgaire, *lancés*,
pour qu'ils ne s'arrêtent plus.

En vous envoyant aujourd'hui le résultat de mes
études sur l'Espagne et sur la Turquie, je crois devoir
ajouter quelques mots sur l'état de l'esprit public, tel
qu'il se révèle chaque jour au contact de tant d'opinions
éclairées. Toutes nos inquiétudes se dissipent, quant
au résultat définitif de l'Exposition ; et quoiqu'il puisse
paraître prématuré d'exprimer à ce sujet une opinion
arrêtée, j'ose affirmer ici, sans crainte d'être démenti
par l'événement, que la France sera jugée toujours
digne d'elle-même. Je n'ai jamais douté de cette victoire, même après un examen rapide et superficiel ;
qu'il me soit donc permis de dire, après trois semaines
d'exploration continuelle, en compagnie des hommes
les plus compétents de l'Europe entière, que plus on
se livre à l'étude de ce sujet immense et difficile, plus
on acquiert la conviction que notre pays a eu raison
d'accourir à la lutte, et qu'il en sortira couvert d'une
gloire nouvelle.

LETTRE HUITIÈME.

Monsieur, je me suis dérobé pendant quelques jours aux séductions de l'Exposition pour aller étudier sur place certaines questions, auxquelles les réformes économiques accomplies dans ce pays donnent en ce moment un intérêt particulier. J'ai voulu voir si le grand déploiement de puissance industrielle que l'Angleterre vient de faire à Londres, et si la voie de liberté commerciale où elle est entrée depuis la mémorable ligue de Cobden étaient des symptômes réels ou trompeurs de son progrès social. Il m'a paru enfin que c'était un devoir pour un économiste de ne point s'en tenir aux apparences et de s'assurer si réellement le peuple anglais avait gagné à toutes les réformes de douanes qui ont été le résultat d'une lutte si vive et si passionnée. L'abolition des taxes sur le blé a-t-elle été utile ou nuisible aux cultivateurs? Les ouvriers y ont-ils gagné en bien-être ce qu'on prétend que les agriculteurs ont perdu? La réforme des lois céréales a-t-elle chance de durer? Quelles conséquences définitives pourra-t-elle avoir?

Ce sont là, monsieur, de graves questions par le temps qui court, je pourrais dire des questions de vie ou de mort, puisqu'il s'agit de la nourriture des populations et de l'agitation ou de la paix des États. Quel désappointement amer aussi pour nous s'il fallait mettre au rang des chimères, des utopies, les vives espérances qui nous ont encouragés dans la lutte que nous soutenons contre les prohibitionistes de notre pays, lutte ingrate où nous avons souvent à recueillir la haine des uns et l'indifférence des autres! Heureusement le moment approche où l'arbitre souverain, qu'on appelle l'expérience, aura prononcé, et l'on peut dire que ce moment est arrivé en Angleterre. Vous allez en juger, et puissent vos lecteurs donner à cette sérieuse lettre l'attention que je crois qu'elle mérite.

Voici le fait dans toute sa simplicité : Il y a quelques années, plusieurs manufacturiers anglais, frappés de la détresse des classes ouvrières, en recherchèrent les causes, et découvrirent bien vite que les taxes sur les matières premières et sur les substances alimentaires étaient la source principale de cette détresse. L'impôt reprenait aux ouvriers une partie de leur salaire sous toutes sortes de formes, et particulièrement sous la forme du droit d'entrée sur les blés. Il était évident que l'État et les grands propriétaires se partageaient le montant de ce droit, tout entier prélevé sur les classes laborieuses. Dès lors, M. Cobden et ses amis, car ce sont eux qui ont mené à bonne fin cette religieuse croisade, ne dirent point aux ouvriers : « Renversons le gouvernement et les institutions du pays ; chassons la reine et menaçons la propriété ; » ils dirent tranquillement : « C'est aux lois céréales que votre détresse doit être attribuée ; *supprimons les lois céréales ;* » et les lois céréales ont été supprimées.

Quand ils se furent aperçus que cette suppression avait pour résultat une véritable augmentation de bien-être, les promoteurs de la réforme, persuadés que le plus sûr moyen d'imprimer un nouvel élan à la production britannique était de lui assurer le plus bas prix des matières premières, se mirent avec une ardeur nouvelle à propager cette heureuse idée et à la faire triompher. Elle a triomphé à son tour. Enfin est venu le tour des lois de navigation, qui avaient pour objet de réserver au pavillon anglais le monopole des transports et la suprématie maritime. Ces lois viennent aussi de disparaître. Aujourd'hui les Anglais peuvent acheter leur blé où bon leur semble, sans payer de droits, et les matières premières leur parviennent de tous les points du monde sans taxes ni privilége de pavillon.

Assurément, monsieur, jamais réforme économique
ne fut plus radicale que celle-là. Elle attaquait du
même coup la propriété foncière dans ses revenus,
l'État dans ses ressources, les susceptibilités natio-
nales dans ce qu'elles ont de plus chatouilleux. Tout
cela s'était fait sans brûler une amorce, par la seule
force de la raison et du droit, par la persévérance,
par la patience, ces deux grandes vertus si rares
parmi nous. Mais il fallait s'attendre à une vive résis-
tance pendant la lutte et à une réaction encore plus
vive après le succès. Cette réaction dure encore, surtout de la part de l'élément agricole, et elle se com-
plique au moment présent de la dépréciation extrême
du prix des blés. Il était donc très-important d'étudier à sa source ce fait nouveau et digne d'attention.

Je suis allé, en compagnie de mon savant ami Michel Chevalier, professeur d'économie politique au
Collége de France, dans une des fermes les plus remarquables du Shropshire, dirigée par un des cultivateurs les plus distingués de l'Angleterre. Nous avons
trouvé cet habile agriculteur inébranlable comme un
roc dans sa confiance en l'avenir de l'agriculture. Il
ne considérait le bas prix actuel des céréales que
comme un accident dû soit à l'abondance générale
des blés qui a eu lieu en Europe, soit à d'autres
causes passagères ou étrangères à la législation libérale nouvelle. Il reconnaissait loyalement que cette
réforme avait agi comme une augmentation générale

des salaires, en assurant le bas prix du pain aux classes ouvrières. Quant à lui, disait-il, cette réforme le forçait de modifier ses cultures, et il venait de découvrir une nouvelle mine de richesses dans la multiplication des cochons. Nous en avons compté quatre ou cinq cents dans sa ferme. Au lieu de produire du blé, M. W..... produisait de la viande, et il ne doutait pas que l'abolition des lois céréales *ne donnât de l'esprit* à une foule d'agriculteurs qui s'étaient endormis depuis tant d'années sur l'oreiller de la protection.

C'est là, monsieur, que nos cultivateurs pourront voir la différence qui existe entre leur immobilité séculaire et l'application des procédés de l'industrie à l'agriculture. J'avais été très-frappé, en parcourant les galeries de l'Exposition universelle, de la variété singulière des instruments d'agriculture anglais, dont la plupart sont inconnus, même de nom, en France. Nous nous étions fait expliquer souvent, mon collègue et moi, à quels usages pouvaient servir, par exemple, de jolies petites machines à vapeur agricoles de la force de cinq ou six chevaux : nous le savons maintenant. Nous avons vu tout le long de notre route plusieurs de ces machines dans les basses-cours des villages. Elles servent à dépiquer le blé, à hacher le foin pour les bestiaux ; on les emploie à labourer, en les établissant à poste fixe sur divers points des champs, d'où elles font mouvoir les charrues. M. W...

ne désespère pas de les appliquer à une foule d'usages nouveaux, et il a eu l'obligeance de faire fonctionner devant nous deux modèles de machines destinées à sarcler et à *bêcher* à la vapeur. Cette dernière est vraiment ingénieuse, et il est impossible d'imiter avec plus d'exactitude le mouvement des bras de l'homme. « Avant peu, disait M. W..., toute l'Angleterre sera bêchée et passée au râteau comme mon jardin. »

Pour bien comprendre la justesse et la réalisation probable de cette pensée, il suffit d'observer avec quelque attention les mœurs de ce pays. Le fermier qui nous a donné l'hospitalité possède trois mille arpents de terre, et il vit avec une simplicité qui n'est pas sans grandeur. Il demeure sur le terrain de ses exploitations, il les surveille, il anime tout de son exemple. Il ne dédaigne aucun détail important. Il fait recueillir avec une sollicitude extrême la moindre parcelle de fumier solide ou liquide. Il parcourt les logements de ses nombreux cochons, s'informe de leur santé, veille à tous leurs besoins. C'est sa Californie à lui. Quinze mois suffisent pour voir naître et mourir ces utiles animaux, qui donnent des profits énormes à sa ferme. Mais quel ordre, quelle hiérarchie dans tous les travailleurs de cette ferme ! Quelles habitudes graves et sévères ! Nous avons été grandement surpris, à l'heure des repas, de voir arriver toute la domesticité mâle et femelle, portant un banc de bois blanc, qui a été placé en face des fauteuils du maître et de sa famille. M. W... a ouvert la Bible, lui assis sur son fauteuil, la domesticité sur le banc de bois ; il a lu quelques chapitres, puis il s'est mis à genoux, et ils se sont mis à genoux. Après la prière, les domestiques ont emporté leur banc, et le maître a commencé son repas. Chacun ici respecte son semblable, le maître ses serviteurs, les serviteurs leur maître. Point de familiarité ni de hauteur. On parle peu de part et d'autre, mais on agit beaucoup.

M. W... nous a conduits, à travers champs, dans toutes ses cultures. Invitez, monsieur, les agriculteurs de vos amis à faire ce voyage. Ils verront ce que c'est que l'agriculture ici, quel art admirable, méthodique, raisonné, plein de charme ; comment la terre se maintient exempte d'extrême humidité et d'extrême sécheresse par le *drainage ;* comment les engrais pulvérulents, tels que le *guano,* sont déposés par une machine autour de chaque grain de blé qui descend dans la terre, au moyen du semoir ; comment le fourrage est pressé pour éviter la fermentation ; comment on mêle la paille et le foin ; comment on broie les os pour employer le phosphate de chaux qu'ils contiennent. Sur d'immenses surfaces, tous les carrés de cultures spéciales sont environnés de leur clôture ; partout de petites barrières en fer ou en bois, fermant bien à l'aide de loquets ingénieux et économiques ; des mangeoires à deux fins, des râteliers, des étables, des écuries, des laiteries d'une propreté admirable ; les carreaux de vitres lavés tous les jours. *On daigne résider* ici, monsieur ; on sait trouver le profit et le bonheur aux champs, et les champs ne sont pas injustes. Pour nous, Paris est tout ; nous y sommes cloués par les deux influences les plus irrésistibles, par celle de la politique et par celle des femmes. Que Dieu le leur pardonne ! mais j'espère bien que l'agriculture n'a pas encore dit son dernier mot, et que la République rendra le séjour des villes tellement haïssable, que nous serons forcés d'aller chercher la paix et les douces émotions à la campagne.

Un autre trait des mœurs anglaises, c'est que la plupart des hommes qui s'occupent de culture sont généralement instruits et éclairés sur toutes les matières économiques. M. W... n'a pas seulement une rare collection d'instruments d'agriculture, il possède une excellente bibliothèque. Tous les fermiers de ce pays se tiennent au courant des progrès de la chimie, de la botanique, de la mécanique, de l'horticulture. Ils auront d'autant moins de peine à sortir de l'engourdissement où les avaient plongés les lois céréales, qu'il leur suffira d'appliquer au régime de la concurrence les connaissances qu'ils laissaient trop souvent sommeiller sous le régime du monopole.

Ce qui paraît devoir résulter de l'abolition des lois céréales, c'est d'abord une modification savante dans la culture anglaise, ou une diminution dans le revenu net du propriétaire. La portion de ce revenu, qui était prélevée sur le salaire des ouvriers par la taxe sur le blé, sera réduite au bénéfice du fermier, et peut-être celui-ci, découvrant des procédés nouveaux pour augmenter les profits de la terre, pourra-t-il continuer de payer ses fermages comme par le passé. Il n'y aurait alors, ce que je crois probable, de la perte pour personne, et le bénéfice de la vie à bon marché serait assuré aux ouvriers, sans diminution de revenu des propriétaires. M. W... exprimait cette idée ingénieusement en me disant : « Nous tirerons plus de parti » de nos terres et de notre esprit, voilà tout; et c'est » la liberté du commerce qui aura fait ces prodiges. »

Ainsi, monsieur, l'expérience démontre chaque jour que l'abolition de la taxe du blé n'aurait fait qu'accroître les facultés productives de ce pays. Les ouvriers, devenus plus grands consommateurs par la faculté qu'ils ont de vivre à bon marché, réagissent sur la production agricole en lui faisant de plus fortes demandes. Ils consomment plus de viande, de fromage, de lait, de beurre, de légumes, précisément parce qu'ils peuvent acheter leur pain à bas prix. Désormais seulement une partie du blé viendra de l'étranger en échange de marchandises anglaises, et l'Angleterre fournira le reste. Elle fabriquera plus de viande et moins de blé. Ne riez pas de ces expressions vulgaires et de ces détails matériels : le genre humain *vit de bonne soupe et non de beau langage,* selon Molière même, et les prohibitionistes nous mettraient volontiers au pain et à l'eau s'ils y trouvaient leur intérêt.

Considérez donc comme une chose certaine que la cause de la liberté du commerce est définitivement gagnée en Angleterre, et que tous les efforts du régime restrictif ne prévaudront pas contre elle. Il reste évidemment quelques abus à détruire dans l'administration des douanes, et c'est un fait avéré que les habitudes tracassières de ce régime ont survécu aux modifications libérales de la nouvelle législation anglaise : mais la chambre des communes a nommé une commission d'enquête pour y mettre un terme, et je tiens du président de cette commission même que l'enquête sera conduite dans l'esprit le plus libéral. Ce honteux régime d'espionnage, de visites personnelles, de colis brisés, de curiosité insolente, va bientôt finir. Ces brigandages, connus sous le nom de *préemption,* de parts de prise, de récompense aux *indicateurs,* cesseront avant peu de déshonorer la législation des peuples, et s'en iront rejoindre tous les autres droits du seigneur. Il est temps qu'un navire arrivant sur nos côtes, qu'un père rentrant dans sa famille, qu'un négociant qui apporte la richesse dans son pays, cessent d'être considérés comme des ennemis, et d'être reçus par des percepteurs armés de carabines, lesquels se permettent de fouiller jusque dans les replis les plus secrets de nos bagages. Songez, monsieur, que nous souffrons ces avanies depuis bien longtemps, non pas dans l'intérêt de l'État, qui a droit à tous nos sacrifices, mais dans le but d'assurer à quelques fabricants encroûtés la faculté de nous vendre leurs produits sans concurrence !

Il n'y a qu'un cri à Liverpool contre ces restes de barbarie commerciale, et cependant la douane y est infiniment moins tracassière qu'à l'embouchure de nos fleuves. On va et on vient à l'embouchure de la Mersey sans être censé venir de l'Inde et de la Chine, et soumis à vérification, tandis qu'on peut se faire de graves affaires en revenant de Pauillac et même de Bacalan à Bordeaux par la rivière. La vie ardente du commerce ne se soumettra pas plus longtemps à ces entraves du passé qu'une locomotive ne se prêterait aux allures pesantes de nos chevaux de poste. Il arrive à Liverpool environ cent navires par jour de tous les points du monde ; il y en a toujours cinq ou six cents en charge. Les chemins de fer font rayonner dans toutes les directions, avec la rapidité de la foudre, des convois chargés de voyageurs, et je ferme cette lettre à quatre-vingt-dix lieues de Londres, où je serais dans cinq heures si je ne m'arrêtais un jour à Manchester.

Que voulez-vous opposer à de pareils torrents ? Le régime actuel des douanes disparaîtra, non parce qu'il est absurde, mais parce qu'il est impossible.

LETTRE NEUVIÈME.

Monsieur, à peine de retour de mon excursion dans les comtés du Nord, je retrouve l'exposition au grand complet, moins les Russes, qui viennent d'apparaître et qui disposent leurs étalages. Le moment est donc arrivé de vous parler de l'exposition française, dont j'ai eu le temps de comparer les produits à ceux des autres nations, et je vais essayer de remplir ma tâche sans autre préoccupation que celle de la vérité. L'événement a confirmé toutes mes prévisions, et vous pouvez considérer désormais comme un fait accompli que la France a obtenu les suffrages de l'Europe dans une foule de spécialités qui lui permettent de braver toutes les concurrences.

Je suis forcé de me borner à des indications sommaires, sans entrer dans des détails qui seraient d'une

longueur infinie ; mais ces indications suffiront pour
bien faire apprécier quelle sera notre position à la
suite de ce concours mémorable. Le résultat capital
de l'exposition pour les Français, c'est la reconnaissance universelle, absolue, incontestée, de leur supériorité en matière d'art et de goût. Dans les étoffes
brochées ou peintes, dans l'ébénisterie, dans l'orfévrerie, dans la fabrication des bronzes, des papiers
peints, des porcelaines, ils n'ont pas même de rivaux.
Quelle que soit la valeur intrinsèque d'un produit, si
la forme et le goût y entrent pour quelque chose, soyez
sûr que les Français ont mis cet avantage de leur côté.

Je commence par la reine de toutes nos industries,
par l'industrie lyonnaise, qui s'est un peu fait attendre, mais qui a dépassé toutes nos espérances. Elle
s'est montrée plus belle ici qu'elle n'a jamais été. Elle
est tellement au-dessus de ce que nous avons vu en
1849, lorsqu'elle échappait toute meurtrie aux émeutes
et au règne des clubs, qu'on la croirait régénérée et
toute resplendissante d'une vie nouvelle. Les Lyonnais
ont eu l'heureuse idée de paraître à Londres en nom
collectif, plutôt que comme exposants individuels. Ce
ne sont pas quelques fabricants qui exposent, c'est la
fabrique tout entière. La chambre de commerce a
mené à la victoire, même les plus récalcitrants, en
achetant leurs produits qu'ils ne voulaient pas exposer
et en les exposant malgré eux. Jamais les yeux d'un
Français ne se sont reposés plus agréablement que sur

cette belle galerie du premier étage, dont le souvenir restera comme le plus flatteur de ceux que l'exposition nous ait laissés.

Disons tout de suite que les Lyonnais ne se sont pas contentés d'envoyer des produits admirables, ils les ont fait étaler par deux habiles Parisiens, MM. Lemoine et Dufolin, qui ont présidé aussi à l'étalage de Mulhouse et qui méritent une mention honorable pour l'art qu'ils y ont mis. Il est impossible de distribuer les étoffes, d'assortir ou d'opposer les couleurs avec plus de goût et plus d'intelligence. Mon illustre confrère et ami, M. Chevreul, qui a créé la science du contraste des couleurs, en sera ravi. Le public prouve tous les jours ses sympathies pour cette belle exposition en y accourant en foule et en exprimant sa satisfaction dans les termes les plus explicites.

Rien n'y manque. Le passé et le présent s'y trouvent réunis, car les Lyonnais ont voulu que leurs anciens chefs-d'œuvre fussent exposés à côté des nouveaux, et plus d'un spectateur aura confondu dans son admiration des étoffes de style et de temps bien différents. Je consacrerai, monsieur, une étude spéciale à cette précieuse collection, unique dans le monde; mais je dois dire tout de suite que si la France a prouvé en quelque chose ici sa plus haute supériorité, c'est dans la fabrication des soieries. Ceux même d'entre nous qui conservaient le moindre doute à ce sujet ont été surpris de la différence extrême qui règne entre les produits les plus ordinaires de Lyon et les produits les plus distingués de l'Europe entière. Les vieilleries de Lyon sont plus belles que certaines nouveautés de l'Autriche, de l'Angleterre, de l'Espagne et de l'Italie. C'est un fait aujourd'hui reconnu par ces nations elles-mêmes, et si remarquable, qu'il jette un lustre particulier sur l'exposition française tout entière.

Il n'y a réellement pas une seule partie faible dans toute cette galerie lyonnaise. Les velours, les brocarts, les satins, les crêpes, les taffetas, les unis, les brochés, tout est d'un goût exquis, gracieux, inimitable. La parole humaine ne saurait décrire les variétés infinies de dessins d'une richesse inouïe, et ces tissus émaillés de fleurs pures et fraîches comme la nature elle-même. On croirait vraiment qu'elles vont exhaler des parfums, tant l'aspect en est vif et doux et la légèreté merveilleuse. A la vue de ces créations étonnantes, je n'ai pu me défendre pourtant des plus tristes réflexions. Ces beaux tissus, qu'on dirait créés par des doigts de fées, l'ont été par des hommes terribles qui semblent manier parfois plus volontiers le sabre et le fusil que la navette et l'*espoulin*. Ils viennent d'une ville aujourd'hui enveloppée de forteresses, et ils ont été fabriqués sous la protection de l'état de siége!

Dites-moi, monsieur, est-ce bien là l'état normal d'un pays tel que le nôtre? Est-ce bien sous ce régime que les ouvriers de Lyon, ces incomparables artistes, pourront donner cours à leur génie industriel et trouver des acheteurs pour leurs produits? Est-ce la paix ou la guerre qui peut faire prospérer ces ateliers admirables? Il est vrai, et je l'écrivais il y a plus de vingt ans, que beaucoup de ces pauvres filles qui façonnent le satin de leurs doigts amaigris, manquent de linge; il est vrai qu'elles reposent durement, sur de bien tristes lits, dans ces demeures étroites que j'ai tant de fois visitées, et dont nos républicains officiels contestent l'insalubrité, pour se dispenser d'y pourvoir : mais moi, monsieur, je me borne à dire que ce n'est pas dans l'agitation perpétuelle qu'on trouve des débouchés à des produits comme ceux de Lyon, ni la solution des problèmes si graves du paupérisme et de la misère. Il n'y a que la paix et la stabilité qui donnent le mot de ces énigmes de l'ordre social!

Mais laissons là les énigmes, et blâmons sévèrement, en passant, MM. les fabricants de rubans de Saint-Étienne, qui n'ont pas daigné paraître, excepté cinq ou six, à l'Exposition universelle. Il ne suffit pas, messieurs, d'être braves; il faut sortir de sa tente les jours de bataille. Vous êtes les premiers fabricants de rubans du monde, c'est connu; vous vendez vos produits à Londres même, par millions, nous le savons; mais vous auriez dû vous montrer pour soutenir la haute renommée du département de la Loire.

Vous êtes assez riches pour voyager. Savez-vous ce qui vous arrive! C'est que la rubannerie de Bâle et de Zurich a recueilli, ici, des commandes considérables;

c'est qu'elle a été universellement admirée *à votre place*, et que même les rubans anglais ont eu quelque succès. Je sais ce que vous allez répondre : « On nous vole nos dessins, on nous contrefait, on nous pille. » C'est un honneur pour vous. On vous vole et on vous pille absents autant que présents, soyez-en sûrs. En visitant, il y a quelques jours, la ville de Manchester, j'ai rencontré un célèbre fabricant de toiles peintes qui m'a dit qu'il payait *tous* les ans 75,000 *francs* à des dessinateurs français, en France, pour avoir des dessins, ou à des correspondants pour avoir des échantillons. Est-ce que les contrefacteurs belges empêchent les grands écrivains d'écrire?

Les fabricants de dentelles de la Haute-Loire ont montré plus de patriotisme, et je commence par eux, quoiqu'ils ne soient pas les maîtres de l'art, parce qu'ils ont importé du pain dans la montagne en y important l'industrie des dentelles. La rapidité de mon travail me permet rarement de nommer les fabricants, mais je veux rendre hommage à la fabrique du Puy, dans la personne de M. Robert Faure, qui a essayé de créer un genre nouveau, et qui contribue énergiquement au succès de l'école nouvelle établie au centre de cette région écartée.

Au reste, la fabrication des dentelles atteste un progrès vraiment inespéré. Bayeux, Mirecourt, Chantilly, Alençon, brillent à l'Exposition de Londres d'un éclat sans rival. Le point d'Alençon surtout, cette noble dentelle toute française, gracieuse et robuste, élégante et sévère, a reparu plus brillante que jamais. M. Lefébure et M. Videcoq en ont exposé des échantillons qui rappellent les plus beaux jours de la fabrication.

Les femmes ne sauraient trop encourager cette belle industrie, faite pour elles seules, exercée par des femmes, au foyer domestique, et qui compte aujourd'hui les ouvrières par centaine de mille, chose à peine croyable!... La dentelle a repris une importance considérable, qui ne s'arrêtera point. Celle de Bayeux et de Chantilly a fait des progrès immenses, dus au zèle éclairé de quelques fabricants, parmi lesquels je citerai M. Violard, qui contribue tous les jours par une foule de combinaisons ingénieuses au succès de son art, et dont la réputation est européenne. Il n'est pas jusqu'aux blondes de soie qui ne cherchent à renaître, et M. Randon, de Paris, en a exposé de fort originales qui pourraient bien rendre à cet article, presque tout entier d'exportation coloniale, la faveur de nos dames.

En même temps que notre fabrique se déploie, les fabriques rivales ne demeurent pas stationnaires. La Belgique, jadis un des foyers de l'art, a envoyé beaucoup de belles choses devant lesquelles notre exposition n'a point pâli. L'Angleterre paraît en retard, de l'avis de tous les connaisseurs. Nous restons donc encore ici les maîtres du terrain. La fabrication des dentelles a fait de grands progrès, en France, même depuis l'Exposition de 1849. Couvrez-vous donc de dentelles, mes belles compatriotes; vous seules les portez avec grâce, c'est l'ornement qui semble le mieux fait pour vous. Voici venir M. Mallet, qui expose des imitations de valenciennes, en coton, presque au prix du simple tulle broché. La perfection de la filature est telle aujourd'hui, qu'il n'y a pas de limites à la finesse. Les gens du métier me comprendront, quand je leur dirai, à eux qui savent ce que c'est que le fil n° 400, réputé la limite *raisonnable* des finesses, que je rapporte un échantillon du n° 2070, filé à Manchester, et plus fin que les plus beaux fils de *mulquinerie,* lesquels coûtent 3,000 francs le kilogramme.

Les châles français n'ont pas soutenu avec moins d'honneur leur vieille réputation. J'ai retrouvé à leur poste avec un plaisir extrême les vétérans de la fabrication, l'ingénieux et modeste Deneyrouse[1], MM. Gaussen, M. Frédéric Hébert, MM. Duché, Chambellan, Boas, qui s'efforcent de maintenir la gloire de l'école française, en perfectionnant chaque jour ses procédés. Non loin d'eux, le belliqueux Biétry semblait fier du succès de nos cachemires, dont il a défendu avec honneur la pureté contre tout mélange adultérin de soie, de laine ou de coton. Faut-il le dire? cette belle industrie me semble arrivée à son apogée, et je crains bien qu'elle ne puisse plus que descendre. Ce qu'il y

---

[1] J'apprends sans surprise que M. Deneyrouse a obtenu la grande médaille d'honneur. Cette justice était due au plus habile de nos fabricants de châles.

10.

a de certain, c'est que quand on observe ses produits en Autriche et en Angleterre, les nôtres paraissent ce qu'ils sont, en effet, très-supérieurs; mais si quelque jour la fabrique autrichienne parvient à adoucir les tons crus de ses châles, et l'Angleterre à soigner davantage la réduction des siens, ce genre deviendra presque entièrement une question de dessin et de mécanique à la Jacquard. Les châles français seront aux châles de l'Inde ce que les gazes brochées sont aux mousselines brodées de Suisse et de Tarare.

Notre supériorité redevient plus frappante, à l'Exposition, dans l'ébénisterie, qui s'est réellement surpassée. Les ébénistes y sont peu nombreux; mais ils n'ont exposé, comme les Lyonnais, que des chefs-d'œuvre. Je vous ai déjà parlé du buffet de M. Fourdinois, qui est la pièce capitale de la fabrique française. La magnifique bibliothèque de M. Barbedienne, celle des ouvriers associés du faubourg Saint-Antoine, en palissandre; les incrustations de couleur de M. Cremer; le buffet en chêne brut de M. Krieger, autre chef-d'œuvre; celui de M. Jolly, si pur de forme, si simple et si gracieux, ont enlevé tous les suffrages, et il est peu probable qu'un seul de ces admirables meubles revienne à Paris[1]. Pendant que les ébénistes parisiens obtiennent ce triomphe,

---

[1] Mon espoir s'est réalisé. On annonce que tous ces meubles ont été vendus après l'exposition, et que leurs auteurs ont tous obtenu des médailles.

tout entier dû à l'art exquis du dessin et au fini de
l'exécution, un fabricant de Bordeaux, hors de ligne,
un simple ouvrier devenu maître habile, M. Beaufils,
représente à lui seul l'ébénisterie domestique et courante, celle qui procède par la puissance du nombre
et l'étendue des débouchés. M. Beaufils est parvenu à
faire des meubles qui bravent les variations de tem-
pérature, si meurtrières dans les colonies. Il choisit
ses bois et il les débite avec tant d'intelligence, qu'aucun de ses meubles ne se tourmente, et que ses pla-
cages résistent à toutes les épreuves. Grâce à lui, notre
ébénisterie devient chaque jour plus populaire dans
les régions tropicales, et des marchés immenses s'ou-
vrent chaque jour devant elle. Cette élégante solidité
a été fort remarquée dans tous les articles exposés par
M. Beaufils.

Voici le moment, monsieur, de vous dire l'opinion
générale du public européen sur les diverses écoles
d'ébénisterie qui sont représentées à l'Exposition par la
France, l'Angleterre et l'Autriche. Quelle que soit la
supériorité de nos fabricants, il est évident que l'Autriche et l'Angleterre sont en progrès et que leurs produits sont extrêmement distingués. L'Autriche attire
un nombre infini de visiteurs dans les salons qu'elle a
ornés avec beaucoup d'art des meubles de sa fabrique,
et il faut convenir que ces meubles sont exécutés avec
une rare habileté. Il ne leur manque que d'avoir été
dessinés par une main plus exercée. Ils sont lourds et

patauds, permettez-moi ce terme familier, comme de véritables maisons bourgeoises. La bibliothèque en chêne dont l'empereur a fait présent à la reine d'Angleterre est assurément un bel ouvrage, mais sans style et sans caractère. On dirait une église réduite au centimètre comme ces petits modèles en bois qui figurent dans nos musées de curiosités. Les Autrichiens ont aussi exposé un lit de parade en acajou ou en bois d'*angica*, qui dépasse vraiment toutes les proportions du genre, et dont les quatre formidables supports soutiendraient un édifice tout entier. Néanmoins cette architecture est travaillée avec une telle habileté de main, que le spectateur s'arrête involontairement devant les milliers de *festons* et d'*astragales* d'un effet bizarre et imposant, qui attirent ses regards.

La même observation s'applique à l'ébénisterie anglaise, qui est plus avancée que celle de l'Autriche, et qui s'est déployée à l'exposition avec une variété de formes et une exubérance de meubles extraordinaire. Les Anglais n'y vont pas de main morte ; ils emploient les plus riches bois à l'état massif, taillent dans l'acajou et dans l'ébène comme dans le roc, et ils multiplient les surfaces, les bosses, les reliefs, comme si le bois ne coûtait rien. Leurs meubles sont remarquables par la masse, par l'ampleur, par l'énormité. Dans le genre bizarre et tourmenté, il y en a de vraiment prodigieux ; il y en a aussi beaucoup de formes commodes et régulières, et qui se rapprochent par une

belle exécution de la correction et de l'élégance françaises. Les meubles anglais sont aux nôtres ce qu'est
leur orfévrerie à celle d'Odiot et aux formes de Christofle, ce que sont leurs faïences aux porcelaines de
Sèvres. Je crois devoir signaler à nos fabricants l'emploi avantageux que l'ébénisterie anglaise a fait des
bois autres que l'acajou et le palissandre classiques.
C'est une étude très-importante à faire pour eux que
celle des échantillons *innombrables* de bois charmants
et *de toutes couleurs* qui brillent à l'Exposition. L'Australie, la terre de Van-Diemen, l'Inde, les Moluques,
le Brésil, l'Amérique du Sud tout entière, ont envoyé
des collections d'une beauté remarquable:

Il faut sortir de l'ornière, sinon il arrivera aux meubles ce qui menace les châles : l'ennui naîtra de l'uni-
formité, et la consommation en souffrira. Nous avons
amélioré les formes jusqu'à la perfection ; il faut maintenant varier les matières premières, et l'ébénisterie a
devant elle pour y suffire toutes les forêts des deux
mondes.

LETTRE DIXIÈME.

Monsieur, je fais trêve aujourd'hui à mes études sur l'industrie française pour vous parler de l'Autriche et de son exposition. L'Autriche occupe le troisième rang à ce congrès universel ; elle y a paru avec un déploiement de ressources qui a surpris tout le monde, excepté les gens qui ne se décident pas sur la rumeur publique, et qui ne jugent pas les grands États d'après les préjugés de carrefour. L'Autriche a pris l'Exposition au sérieux. Elle y a paru armée de toutes pièces, et chaque jour voit s'accroître l'intérêt qu'excitent ses divers produits, qui témoignent d'un élan industriel digne de l'attention des nations manufacturières.

Je suis bien aise de dire ici, en commençant par la plus libérale des industries, par l'imprimerie, que c'est l'imprimerie impériale de Vienne qui a exposé la collection la plus complète de spécimens de tous les caractères connus [1]. Cette collection, qui ne contient pas moins de deux cent six langues ou dialectes, depuis les caractères phéniciens, les plus anciens du monde, jusqu'aux japonais, est la plus belle de l'Europe. Elle répond suffisamment au reproche d'obscurantisme, si souvent adressé à l'Autriche, et qui n'a été longtemps mérité que par son gouvernement.

L'Autriche est entrée aujourd'hui dans une voie nouvelle, et quoique la statue du maréchal Radetzki, qui semble veiller, appuyée sur une épée, au dépôt des richesses autrichiennes de l'Exposition, puisse paraître un emblème peu conforme au mouvement industriel des idées dans ce pays, il n'en est point qui mérite au même degré, après la France et l'Angleterre, l'attention des hommes d'étude et de travail. C'est assurément un fait très-remarquable que cet hommage rendu aux sciences et à la pensée humaine par l'industrie la plus capable de les propager dans le monde. Il suffit de réfléchir à l'immense quantité de linguistes, de professeurs, de compositeurs et d'ouvriers habiles que suppose un tel luxe de typographie, pour apprécier le rang qui est dû à l'Autriche dans la grande famille européenne.

L'établissement impérial de Vienne possède tous les types des caractères imprimés dans ses ateliers, et il

---

[1] Elle a obtenu l'une des grandes médailles d'honneur de première classe.

a exposé jusqu'aux matrices qui ont servi à les créer.
On a particulièrement remarqué l'ingénieuse invention à l'aide de laquelle les 80 mille signes de la
langue chinoise sont formés, comme la musique, par
des types mobiles. Au point de vue technique, l'art
avec lequel les Autrichiens sont parvenus à calculer
l'espace occupé par chaque lettre isolée, permet de
savoir à l'avance quelle sera l'étendue précise d'un
manuscrit quand il est imprimé, et l'imprimerie impériale possède déjà 150 millions de caractères fondus
d'après ce système.

Les orientalistes ont beaucoup admiré un ouvrage
imprimé pour la première fois en japonais, avec des
caractères mobiles, et qui semblait plutôt, par sa perfection, importé du pays même que reproduit en Allemagne. La typographie autrichienne s'est placée au
premier rang par ce magnifique déploiement de richesse ; il faudrait un volume pour donner le simple
catalogue de tout ce qu'elle a exposé dans ce genre,
et ce volume exigerait des connaissances que je n'ai
point.

J'ai regret de dire que l'imprimerie nationale de
France s'est bornée à opposer à ce luxe éblouissant
de productions typographiques un simple volume de
spécimens qui ont sans doute leur mérite, mais qui
ne représentent pas sérieusement la typographie française. Heureusement MM. Plon, aujourd'hui les premiers imprimeurs de Paris, M. Dupont et quelques

autres ont eu à cœur de réparer cette omission.
M. Mame, de Tours, que j'honore profondément comme
l'imprimeur de France qui publie le plus de volumes
à *bon marché*, et qui les imprime bien, a été fort
admiré à côté des grands maîtres de l'art.

Personne n'a encore exécuté avec l'habileté de
M. Dupont le procédé qui lui permet de reproduire,
sans atténuer l'original, un feuillet perdu de tel ou tel
ouvrage ancien, et de le restituer à l'ouvrage incom-
plet. M. Silberman, de Strasbourg, n'a pas excité
moins d'admiration par son vitrail *imprimé en dix-
huit couleurs*, sur une hauteur de 102 centimètres
et sur 37 centimètres de largeur. Le procédé entièrement nouveau qu'il a découvert, et qui lui a permis
d'exécuter ce tour de force au-dessous des prix de
lithochromie ordinaire, est une véritable conquête pour
les arts, et nous sommes heureux d'avoir à l'opposer,
avec toute l'exposition de M. Silberman, à la magnificence typographique de l'Autriche.

L'Autriche a déployé aussi beaucoup de luxe dans
ses productions topographiques, et ses cartes déjà fort
appréciées ont conservé à l'Exposition le rang distingué qu'elles méritent. Que si nous sortons du domaine scientifique, pour entrer dans celui des arts
industriels, nous retrouvons l'Autriche en progrès sen-
sible et continu. Elle travaille le fer avec habileté dans
ses usines de Styrie, dont les produits sont excellents;
elle a presque supplanté la ville de Nîmes dans l'exporta-

tion des châles communs ; elle exécute avec une grande supériorité les draps ordinaires, et malgré les reproches légitimes qui peuvent lui être adressés en matière de goût, ses meubles ont produit une certaine sensation à l'Exposition, à cause de la vigueur avec laquelle ils sont exécutés. Un pays qui fabrique jusqu'à huit millions de faux et de faucilles, seulement pour l'exportation, est évidemment organisé pour la grande industrie.

Mais c'est surtout dans les cristaux de Bohême que se retrouve l'une des supériorités les plus reconnues de la fabrication autrichienne, et c'est ici le cas de dire un mot de la situation de l'industrie du verre, telle qu'elle a été constatée à l'Exposition. Trois puissances avaient droit d'y figurer avec leurs caractères distinctifs, la France, l'Angleterre et l'Autriche. La France s'est abstenue. Nos belles fabriques de Saint-Louis et de Baccarat, dirigées par des prohibitionistes aussi habiles qu'encroûtés, n'ont rien envoyé, et elles pouvaient envoyer des chefs-d'œuvre que nous connaissons parfaitement, car il y en a une collection magnifique au Conservatoire des Arts-et-Métiers de Paris.

Nous n'hésitons même pas à dire, malgré le mauvais vouloir de ces messieurs, que cette collection aurait suffi pour battre, ici, toutes les collections rivales. Mais alors, en même temps que nous eussions constaté la supériorité de la cristallerie française, nous lui aurions demandé de quel droit elle osait lever tribut sur les consommateurs nationaux et se montrer si âpre au monopole, dont elle peut fort bien se passer.

C'est ce que leur absence ne nous empêchera pas de demander. Outre que cette absence est une faute grave, le jour où il s'agit de défendre l'honneur du *travail national*, elle est aussi une précaution inutile, parce que le but de cette désertion calculée n'échappera à personne. Il est honteux de se cacher, quand on doit compte à son pays des efforts qu'il a payés si cher pour vous soutenir, et l'on perd tout droit à vanter sa supériorité quand on refuse de paraître à un concours tel que celui de Londres.

Arrière donc, messieurs, avec vos prétentions à interdire l'entrée en France des cristaux de Bohême et des autres pays! Arrière, percepteurs honteux qui levez sur nous par la prohibition des impôts abusifs, et qui ne voulez pas qu'on discute l'étrange budget en vertu duquel vous nous faites payer si cher ce que nous aurions à bon marché! Le moment approche où vous allez rentrer dans le droit commun et dans la concurrence naturelle de tous les producteurs. Nous ferons volontiers des sacrifices pour l'État, qui nous garantit sécurité, routes, justice et administration; mais vous, que nous assurez-vous, monopoleurs effrontés?

Oui, vous auriez brillé ici d'un éclat sans pareil, sinon par le bon marché de vos produits, sinon par la couleur, au moins par la forme. Vous auriez été reconnus dignes d'occuper une situation moyenne entre l'Angleterre et l'Autriche. L'Angleterre semble avoir mérité la palme pour le *blanc*, l'Autriche pour les couleurs. La fontaine gigantesque des Anglais, haute de près de dix mètres, dont les eaux versent dans le transept du Palais de Cristal une fraîcheur aujourd'hui délicieuse, est un spécimen glorieux que vous n'avez pas égalé. Les grandes pièces rouges de Bohême dont vous avez redouté la comparaison, n'ont sur les vôtres, en réalité, que l'avantage du bas prix. Vous auriez réuni presque tous les mérites, hors celui de ménager notre bourse. Allons, allons, mon savant collègue Michel Chevalier a dit vrai : « La France vous paye la taxe des pauvres, et elle ne vous la doit pas. »

J'ai les larmes aux yeux en trouvant sous le pavillon autrichien les produits d'une grande partie de l'Italie, les soies de Milan, de Vérone, les beaux vitraux de Bertini, les mosaïques, tout ce qui reste d'art et de grâce à ces malheureux Italiens. Hélas! là aussi, c'est la discorde qui a plongé l'industrie dans un abîme de maux! *L'Italia farà da se!* Non, pas plus en industrie qu'en politique, on ne fait rien tout seul aujourd'hui.

Quiconque a l'orgueil de croire qu'il n'a besoin de personne, est perdu. La solidarité devient chaque jour plus étroite entre les peuples, et cette dépendance mutuelle est le plus sûr garant de leur progrès social. Est-ce que l'Angleterre et la France ne tirent pas leur coton des États-Unis? Est-ce que la poudre même que nous brûlons pour notre défense n'est pas faite avec du salpêtre de l'Inde et avec du soufre de Sicile? Est-ce que le plomb de nos cartouches ne vient pas de l'Espagne? Est-ce que le bronze de nos canons n'est pas fait avec de l'étain anglais et du cuivre de Russie?

L'Autriche a exposé de très-beaux échantillons de ses produits minéralogiques. Elle brille moins par ses étoffes de coton, qu'elle ferait bien d'abandonner. C'est la maladie des grands peuples, aujourd'hui, de vouloir se procurer à tout prix, par un travail forcé, ce qu'ils auraient à bon marché, par leur travail naturel. Les toiles peintes de l'Autriche sont fort laides, plucheuses, mal apprêtées, en dépit du luxe des produits chimiques qui figurent sous son nom à l'Exposition.

Les produits chimiques ont suivi les progrès de la science dans presque tous les pays de l'Europe, et, puisque je trouve l'occasion de le dire ici en passant, j'ai recueilli à Manchester la preuve authentique du changement remarquable qui s'est manifesté en Angleterre à ce sujet, depuis peu d'années.

Un des fabricants de toiles peintes les plus distingués nous a communiqué, d'après ses livres, le prix auquel il paye les substances suivantes : l'acide pyroligneux, environ 80 centimes les 4 litres et demi (le gallon); le sous-acétate de plomb, 40 francs les 112 livres anglaises; le sulfate de soude, 5 francs le quintal de 112 livres; l'acétate de fer liquide, 55 centimes les 4 litres 1/2; le prussiate de potasse, 85 centimes la livre, et l'acide sulfurique, à 66 degrés je suppose, 9 centimes la livre. Les gens du métier jugeront si ces prix n'indiquent pas une fabrication très-avancée.

En somme, l'Autriche occupe un rang très-distingué à l'Exposition universelle. Il y a dans la réunion presque encyclopédique de ses produits quelque chose de mâle et de sévère qui caractérise la nation elle-même, une diversité dans la force, comme il y a une diversité de races dans l'Empire. Les Bohémiens, les Hongrois, les Italiens, les Allemands purs, qui ont concouru à former le faisceau de l'industrie autrichienne, ont conservé sans doute leur physionomie particulière, mais ils n'ont rien perdu à être associés.

Ce sera plus tard, monsieur, une étude intéressante à faire que celle du caractère spécial des populations ouvrières de tous les pays qui ont concouru à cette grande Exposition, Français, Anglais, Allemands, Espagnols, Américains, Orientaux. Vous verrez quels rapports curieux existent entre l'ouvrier et l'œuvre, et combien le sort du premier est lié au succès de l'autre.

Mais qui donc s'est occupé jusqu'à ce jour de savoir au juste ce que c'est qu'un ouvrier? On flatte les ouvriers quand ils sont forts, on les comprime quand ils abusent de leur force; mais les étudier, les avertir, fi donc!

Ils ignorent surtout d'où vient le vent qui souffle sur eux, et par quels liens mystérieux le débouché se rattache au produit, et l'acheteur au producteur. Voilà ce qu'il faut leur apprendre, et c'est la plus utile leçon qui ressortira de ce concours mémorable.

LETTRE ONZIÈME.

Monsieur, je reviens, avec l'Europe entière, à cette merveilleuse exposition de Lyon, qui fera époque dans les annales des expositions industrielles. Il ne suffit pas de s'écrier, comme tous les spectateurs : Beau! magnifique, admirable! Il faut entrer dans quelques détails sur cet *événement*, analyser ce catalogue de chefs-d'œuvre et en faire apprécier toute la portée à nos concitoyens. La ville de Lyon n'a pas seulement surpassé toutes les fabriques rivales, si tant est qu'il y en ait : elle s'est surpassée elle-même, et vous pouvez juger de cette vigoureuse séve par le seul fait qu'*un septième* seulement des fabricants lyonnais s'est présenté à l'Exposition; mais ce sont les maîtres de l'art.

Je vous ai dit qu'ils avaient eu l'heureuse pensée de faire abnégation de leurs individualités pour paraître en nom collectif. On ne voit, en effet, qu'un seul nom, celui de la ville de Lyon, qui plane sur tous les produits, et qui semble les couvrir de sa glorieuse renommée. L'union a fait leur force, et ces illustres anonymes brillent d'un éclat plus vif que s'ils avaient affiché leurs noms propres. J'aurais souhaité que la fabrique de meubles et de papiers peints parisienne, imitant leur exemple, se fût bornée à cette simple inscription : *Paris, faubourg Saint-Antoine !...* Cela eût voulu dire : « Vous nous pre- » nez pour des barbares qui ne savent que détruire ; » voilà comment nous travaillons quand nous ne » mettons pas le feu aux quatre coins de l'Europe. » Et l'Europe aurait répondu : « Travaillez, messieurs, » c'est plus beau. »

Commençons par rendre justice aux deux hommes qui ont présidé à cette brillante exhibition lyonnaise, et qui veillent sur elle, à Londres, avec une sollicitude paternelle : ce sont MM. Arlès-Dufour, membre du jury pour Lyon, et M. Gamot, directeur de la Condition des soies. L'un, plein de feu, de zèle et d'ardeur, représente la fougue ouvrière ; l'autre, plus calme, doux, méditatif, ressemble au Génie des affaires. Il leur revient une bonne part du succès de la grande cité, et il ne fallait pas moins que leurs mérites réunis pour mener à bonne fin cette exposition mémorable, dont les préparatifs n'ont pas été sans difficultés. Voici comment ils ont accompli la tâche délicate qui leur était confiée.

Ils ont réuni en un seul faisceau tous les articles lyonnais de même espèce, sans distinction d'origine, et ils les ont fait disposer sous le jour le plus favorable. Ainsi, toutes les étoffes unies sont étalées ensemble, depuis les qualités les moins chères jusqu'à celles du prix le plus élevé. Les velours coupés ou frisés viennent ensuite, suivis des taffetas, satins et gros de Naples; puis les crêpes, les peluches, les foulards, les façonnés, les brocarts, les étoffes d'église et de palais. Chaque genre réunit toutes ses variétés, et il suffit d'un regard attentif pour embrasser de la manière la plus complète cette immense famille de tissus, qui fait l'orgueil de la fabrique.

On s'attendait d'autant moins à admirer ce que nous allons décrire, que l'exposition de 1849 avait laissé dans les esprits une impression fâcheuse d'insuffisance et de détresse. Il était évident que la ville de Lyon n'avait pas figuré d'une manière digne d'elle à cette solennité industrielle, et qu'elle portait des traces profondes du désordre moral et politique produit par les événements de 1848. On peut juger quelle a été la surprise générale à l'aspect de ces étoffes nouvelles, d'une variété et d'une richesse incomparables, qui laissaient bien loin derrière elles tout ce qui a été fait jusqu'à ce jour, même à Lyon. C'est ainsi que MM. Mathevon et Bouvard ont exposé du drap d'or à bouquets brochés de soie, estimé à 400 francs le mètre, d'un travail tellement supérieur, qu'il peut être considéré comme ce qui est jamais sorti de plus beau des ateliers lyonnais.

La maison Lemire père et fils a maintenu et élevé la vieille réputation de la fabrique par sa part de produits en ornements d'église et en chasubles tissées et brodées, avec ajustement de pierres précieuses. Les étoffes façonnées occupent naturellement, dans l'exposition lyonnaise, la place la plus importante par le caractère spécial de leur fabrication, la richesse de leurs couleurs, et la beauté grandiose de leurs ornements. C'est de là que sortent toutes les robes de cour et de grand luxe, les tentures princières, les décorations d'appartement les plus splendides. On ne verra pas de longtemps un trophée industriel plus glorieux que celui de toutes ces robes de soirée choisies parmi les chefs-d'œuvre de la fabrique, et qui représentent les plus grandes difficultés vaincues, en même temps que les effets de dessin et de mélange les plus délicats et les plus exquis. Il n'y a pas un peuple au monde capable aujourd'hui de réunir à ce point la richesse de la matière à la perfection du travail.

Une seule maison a exposé des crêpes (soixante-dix pièces environ), crêpes-crêpés, crêpes-lisses, crêpes *aérophanes,* brodés blanc sur blanc ou brodés en couleur, d'une grâce, d'une légèreté, d'une fraîcheur indescriptibles. Ce quartier de l'Exposition est très-dangereux pour les maris. On y voit, du matin au soir, des milliers de femmes en extase, qui enregis=

trent sur leurs agendas le nom de la maison Montessuy et Chorner, et qui le portent aux nues. C'est de la région des nuages, en effet, que semblent être venues ces ravissantes productions, diaprées de mille couleurs, transparentes et légères comme des ailes de papillons. Femmes des heureux de la terre, je ne saurais trop vous le redire : quand vous jetez sur vos belles épaules ces écharpes aériennes, songez quelquefois aux pauvres filles qui les ont faites. Elles sont de votre sexe, de votre pays et de votre religion, et elles manquent souvent du nécessaire, après vous avoir donné le superflu !

Non loin de ces brouillards de soie, les Lyonnais ont exposé un assortiment de plus de deux cents pièces de foulards, mouchoirs de poche et cravates plus solides et plus vulgaires, mais d'un immense débit, et dans la fabrication desquels l'industrie lyonnaise a fait des progrès considérables depuis quinze années. Elle n'a pas moins frappé l'attention publique par ses trois étalages de peluche noire pour chapeaux d'hommes. Les chapeaux, tels que nous les portons aujourd'hui sous forme de cylindres parfaitement ridicules, sont fort laids, disgracieux et incommodes, mais ils ne sont pas trop chers ; et c'est au perfectionnement de la peluche que nous devons la possibilité de les renouveler souvent et de les avoir propres, en attendant que nous leur donnions une forme plus rationnelle et plus appropriée à nos habitudes.

Les Anglais, qui sont plus géomètres que nous, ont calculé que chaque chapeau occupait la moitié de l'espace disponible pour un homme, et ils ont le plus grand soin de vous faire déposer le vôtre en entrant, comme les manteaux et les parapluies. Ils ont remarqué aussi que l'homme, moins attentif à la défense de son chapeau, était plus libre, plus dégagé et partant plus aimable. Pendant que nous sommes encore dans la période révolutionnaire, opérons donc la révolution des chapeaux.

Il y a à l'exposition lyonnaise un article qui serait bon à supprimer : ce sont les tissus unis à dessins imprimés sur chaîne, dits *chinés,* qui sont devenus fort à la mode dans ces derniers temps, et qui ne le méritent guère.

Ce genre bâtard et vaporeux, très-largement exploité pour robes, donne au dessin je ne sais quoi de vague et de terne, qui semble contraire aux traditions de la fabrique lyonnaise, si justement vantée pour l'éclat et la netteté de ses couleurs. Le *chinage* périra, je l'espère[1] ; mais MM. Perregaux et Cie de Bourgoin, et

---

[1] M. Révilliod a pris au sérieux et à la lettre cette simple expression de mon peu de goût *personnel* pour les étoffes chinées, et il a écrit à ce sujet une longue lettre assez vive dans je ne sais quel journal. Je le prie d'être bien convaincu que je n'ai jamais souhaité la mort de personne ni celle d'aucune industrie. J'ai aussi, comme simple citoyen, en vertu de mon droit naturel, une grande antipathie pour les bijoux de toute espèce, et je n'ai jamais souhaité ni causé, grâce à Dieu,

M. Révilliod de Vizille, tous deux du département de l'Isère, en ont exposé des échantillons aussi beaux que pouvait le permettre ce système de travail, *où le dessin de la chaîne est voilé par la trame,* et ne ressort aux yeux qu'au travers d'un nuage factice et d'un aspect maladif.

Un seul exposant a osé braver la concurrence des châles de crêpe de Chine, et il a bien fait. Les châles de crêpe de Chine vrais sont toujours un peu lourds par les broderies, même quand le tissu qui les supporte est léger, ce qui est rare. Nous pouvons donc tenter avec espoir de succès une concurrence qui mérite des encouragements. J'en dirai autant de la fabrication spéciale des cravates de soie, dans laquelle les Anglais excellent, au point d'en envoyer beaucoup sur le marché de Paris. La moire est un peu roide et convient surtout aux douairières; on a trouvé plus riche que belle celle qui figure à l'Exposition et qui est rehaussée, j'allais dire *réchampie,* d'or et d'argent. L'emploi des métaux filigranés n'appartient qu'aux habitudes de l'Orient.

Les châles de Lyon s'en vont ou se transforment, battus par la fabrique de Paris pour l'élégance et pour la matière, battus par les châles imprimés pour l'économie, et par la mode, qui substitue peu à peu les *pardessus,* les crispins, les douillettes, à tout ce qui

la mort d'aucun orfévre. Il y a des industriels très-honorables qui sont parfois bien intolérants !

n'est pas châle de l'Inde. Lyon a exposé des châles *reps façonnés,* tout soie, et des châles en velours pour l'hiver, très-gracieux et très-élégants. C'est là le cachet inimitable de la fabrique de Lyon : la distinction et l'élégance.

J'en demande bien pardon à nos voisins les Anglais : tous ces châles imprimés, vrais châles de pacotille, dont les femmes font une consommation si abusive, ne seraient pas portés à Paris par des femmes de chambre de bonne maison. A peine des fabricants comme M. Depouilly à Puteaux, MM. Gros, Odier et Roman à Wesserling, dont les produits sont la perfection même, peuvent-ils assurer aux châles imprimés une vente, beaucoup plus due à leur légèreté qu'à la pureté des impressions.

Je ne parlerai que pour mémoire d'une galanterie faite à la maison royale d'Angleterre par la maison Potton et Rambaud : ce sont trois tableaux exécutés en soie sur le métier par le procédé Maissiat, d'après Winterhalter, représentant la reine Victoria, le prince Albert et un de leurs enfants. Il y a aussi un portrait du pape, d'après le même procédé, sortant de la fabrique de M. Carquillat. Ces peintures au métier sont de véritables tours de force, qui prouvent seulement de quoi la navette est capable ; mais je ne les admire pas plus que les tableaux des Gobelins, qui ne seront jamais des produits industriels, et qui laisseront toujours quelque chose à désirer comme œuvres d'art.

Ce qui distingue surtout la fabrique de Lyon, c'est le goût suprême que respirent toutes ses productions, comme l'air naturel dans lequel vivent ses ouvriers; c'est cette série de traditions que n'ont pu interrompre ni les révolutions de la mode, ni les dévastations de la guerre civile, ni les sauvages distractions de la politique. Il y a un accord mystérieux entre les innombrables mains qui concourent, souvent sans se connaître, à la perfection de ces tissus admirables. Ourdisseurs, dessinateurs, apprêteurs, teinturiers, tous se prêtent sans effort et presque sans méthode un mutuel appui. Ils font des chefs-d'œuvre, comme on fait ailleurs des choses vulgaires; c'est leur nature. Voyez-les travailler : avec quel soin ils protégent, contre la poussière du foyer domestique, la blancheur immaculée de ces satins plus purs que l'argent, et de ces crêpes dont le grain ressort, par la pression d'un cylindre, garni de cuir grossier et rude au toucher ! Il n'y aura rien de plus curieux que l'histoire de ces hommes, quand elle sera faite avec sympathie pour eux, sans les flatter, sans les méconnaître, non plus!

Ces hommes aujourd'hui veulent leur place au soleil, et ils exhibent pour titres de noblesse les chefs-d'œuvre que nous venons d'admirer. Y ont-ils contribué, oui ou non? Ont-ils honoré leur pays par ces productions sans pareilles? Y a-t-il dans toute l'Exposition de Londres des chefs-d'œuvre comparables à ceux qu'ils y ont envoyés? La patrie qui les honore à si juste titre, comme soldats, quand ils combattent pour elle, n'aura-t-elle jamais que de stériles compliments pour leur travail de tous les jours! Ils veulent leur part de gloire, ils l'auront.

Je me souviens d'un heureux jour de ma vie, celui où, sur mon rapport au jury de 1849, la croix d'honneur fut accordée à M. Roussy, un brave ouvrier de Lyon, auteur de plus de dix inventions ingénieuses, pour lesquelles ce digne homme n'avait pas même pris de brevet, voulant que tout le monde en jouît. Il n'avait pas assez de fortune pour faire à ses frais le voyage de Paris, et c'est par le télégraphe qu'il fut mandé aux frais de l'État, par ordre du président de la République, qui le fit asseoir à sa table et le combla de prévenances. Combien y a-t-il de chefs-d'œuvre à Londres qui sont dus à des ouvriers du premier ordre, blottis et frémissants dans des greniers, à Vaise ou à la Croix-Rousse, et qui n'attendent qu'un regard bienveillant pour désarmer!

Voilà, monsieur, la leçon que tous les amis de l'ordre doivent recevoir de ce triomphe incontestable de la ville de Lyon à l'Exposition universelle. Sur ce champ de bataille, les ouvriers lyonnais ont tenu plus haut qu'aucun autre corps de l'armée industrielle l'étendard national. Il serait d'une juste et sage politique de les récompenser, après le grand jury universel, au nom du pays qu'ils ont honoré. Ce n'est pas peu de chose, en effet, qu'un triomphe semblable, et vous

ne sauriez croire, à moins de l'avoir vu comme nous,
à quel point il a rejailli sur notre exposition tout entière. Les gens de Saint-Étienne, leurs habiles voisins,
qui ont failli à l'appel, en sont désolés aujourd'hui. Il
leur appartenait de compléter cette fête par le succès
de l'industrie rubanière, et de ne pas laisser les honneurs de ce complément à la Suisse, qui en fera,
soyez-en sûr, son profit.

M. Escoffier, de Saint-Étienne, qui expédie chaque
année pour deux ou trois millions de francs de rubans
à Londres, n'avait qu'à aller chercher chez son client,
M. Morrisson, quelques corbeilles des échantillons
qu'il lui vend, et tout eût été dit. Sans M. Vignat et
trois ou quatre fabricants de la Loire, et sans M. Tuvée[1],
de Paris, qui a envoyé de ravissants modèles, la France
n'eût pas été représentée dans l'une de ses plus belles
industries. Ah! messieurs, messieurs, vous avez été
trop modestes!

[1] M. Tuvée n'a obtenu à l'exposition de Londres aucune
distinction ni mention honorable. C'est une erreur ou une omission bien extraordinaire et bien regrettable.

LETTRE DOUZIÈME.

———

L'Algérie a dignement figuré à l'Exposition universelle, et je considère comme un devoir de lui con-
sacrer une mention spéciale, autant à cause de la
richesse et de la variété de ses produits, que pour
rendre un juste hommage de reconnaissance aux services trop peu connus de l'armée française, sur cette
terre arrosée de ses sueurs non moins que de son
sang. Les produits de notre colonie ont été en effet
exposés au nom du ministère de la guerre, et ils ne
pouvaient paraître sous de plus nobles auspices que
ceux de l'armée d'Afrique. C'est à l'armée d'Afrique
qu'appartient tout l'honneur de la conquête et de
la colonisation algériennes, et les produits qui en
viennent méritent l'attention particulière de tous les
hommes, encore rares, qui ne croient pas que les

soldats soient de simples instruments de destruction. Il n'y a pas de pays au monde où le soldat ait été plus réellement créateur qu'en Algérie, et les prodiges de travail que l'armée y a exécutés révèlent toute une phase nouvelle du rôle que les troupes sont appelées à jouer désormais au profit de la civilisation.

En parcourant cette galerie du Palais de Cristal, presque entièrement remplie des produits naturels de l'Algérie, je n'ai pu me défendre d'un vif mouvement de sympathie pour les braves gens qui nous ont valu cet honneur. Je n'ai pu retenir une larme au souvenir des deux personnages qui ont le plus contribué à la fortune algérienne, et qui tous deux m'ont honoré d'une bienveillance qui fera l'orgueil de ma vie : M. le duc d'Orléans et M. le maréchal Bugeaud, tous deux morts, tous deux ravis à notre malheureux pays au moment où il avait le plus besoin de leurs services ! C'est sous la protection et sous la tente du premier que j'ai visité l'Afrique, il y a bientôt quinze ans, à l'époque de l'expédition des Portes-de-Fer ; c'est par la correspondance du second, ce véritable type du soldat d'Afrique, laboureur et combattant, aussi habile à tenir l'épée qu'à manier la charrue, que j'ai appris à connaître la valeur de cette terre dont il avait douté lui-même avant d'en avoir achevé la conquête [1].

1 La France ne connaîtra l'immense valeur du maréchal Bugeaud qu'après la publication de sa correspondance intime,

Quand je l'ai parcourue en 1838, pour la première fois, l'Algérie était loin de l'état prospère où elle est entrée depuis, sinon autant qu'elle devait l'être, du moins autant que les circonstances l'ont permis. Nos soldats n'avaient ni tentes, ni baraques ; ils couchaient presque tous en plein air, et quel air ! sur le sol ou dans des terriers peu faits pour des êtres humains. La fièvre les décimait dans leurs cantonnements. Des pelotons, des bataillons entiers mouraient silencieusement, sans se plaindre, tandis que nos assemblées politiques discutaient, en parfait désaccord sur la question principale, le budget de la colonie. On en était venu à proposer sous le nom d'obstacle continu, l'établissement d'une petite muraille de la Chine autour de la Metidjah, sans

véritable chef-d'œuvre de haute raison, de verve et d'inspiration. Celle qu'il m'a fait l'honneur d'entretenir avec moi pendant toute la durée de son gouvernement d'Afrique s'étend depuis l'année 1841 jusqu'à sa mort. J'en ai soigneusement conservé toutes les lettres qui seront publiées un jour, si plusieurs de ceux auxquels le maréchal a fait le même honneur qu'à moi ne croient pas devoir dérober à l'histoire de notre temps le précieux dépôt qu'ils ont reçu. Parmi les personnes qui sont riches en ce genre, je prends la liberté de citer l'honorable M. Thiers, M. Magne, naguère ministre des travaux publics, et M. Genty de Bussy, intendant militaire, ces deux derniers amis particuliers du duc d'Isly. M. Odiot, le célèbre orfévre, doit avoir aussi beaucoup de lettres de lui. Ce que j'en connais formerait déjà plus de deux volumes étincelants d'esprit, de franchise guerrière et d'originalité.

doute pour y enfermer avec nous la fièvre et la dys-
senterie.

Enfin Bugeaud parut, qui renversa ces barrières
indignes de la valeur française, et qui apporta en
Algérie l'idée féconde d'où sont sortis tous les produits exposés à Londres, et toutes les autres conséquences de la conquête définitive. La colonie n'a cessé,
depuis lors, de grandir et de faire éclater aux yeux
des plus prévenus les ressources qu'elle possède et
que nos braves soldats ont, les premiers, mises en
valeur. Honneur donc, avant tout, aux premiers producteurs, aux vigoureux pionniers qui ont défriché
cette terre si longtemps méconnue ! Nous avons bien
vu, à Londres, ce qu'ils exposent ; mais ce qu'ils n'ont
pu exposer et ce qu'il faut bien rappeler à la reconnaissance publique, ce sont les quatre ou cinq mille
kilomètres de routes qu'ils ont tracées ou empierrées
tout au travers de l'Algérie ; ce sont les 133 villages
qu'ils ont bâtis, les tenues d'eau qu'ils ont faites, les
80 ponts, les 300 ponceaux qu'ils ont jetés, les 254,000
mètres de canaux d'irrigation qu'ils ont ouverts, les
450 fontaines qu'ils ont élevées, les 84,000 mètres
de rues et les 30,000 mètres d'égouts qu'ils ont construits, sans parler ni des ports, ni des phares, ni des
hôpitaux, ni des forteresses, ni de ce vaste réseau de
postes avancés dans lequel ils enserrent la colonie tout
entière ! Voilà ce qu'on n'a pas pu voir à l'Exposition
de Londres : une civilisation improvisée de toutes

pièces en vingt ans, au foyer de la barbarie, chaque fondation entre deux combats, chaque goutte de sueur entre deux gouttes de sang! Moi aussi, économiste, j'ai longtemps cru que les soldats n'étaient propres qu'à détruire : depuis que j'ai vu les œuvres des nôtres en Afrique, je les tiens pour les premiers ouvriers du monde, et je les honore profondément!

Au premier rang des créations utiles de l'Algérie, et plût au ciel qu'elles eussent toutes été inspirées par le même esprit de véritable colonisation, il faut placer l'établissement du *jardin d'essai,* devenu le propagateur des pépinières qui s'étendent aujourd'hui sur plusieurs points de l'Algérie et d'où sont sorties les plantes alimentaires, textiles, tinctoriales, médicinales, qui formeront un jour la richesse de ce pays. Le ministère de la guerre a eu la bonne idée de le fonder en temps propice et surtout d'en confier la direction à un homme habile, M. Hardy, auquel revient une grande partie du mérite des produits qui ont figuré à l'Exposition de Londres. A l'heure qu'il est, plus de deux millions de pieds d'arbres dont le catalogue comprend de nombreuses espèces, garnissent les pépinières algériennes, et dans les seuls environs de Milianah, on a planté plus de 300,000 pieds de vigne. La culture du coton se répand et paraît parfaitement adaptée au climat de la colonie. Le *hakem* de Biskara, qui a longtemps vécu en Égypte, a importé sur ce point les qualités qui ont déjà réussi sur les bords du Nil. Déjà, même aux premiers jours de la conquête, le général Lamoricière, alors colonel des zouaves et commandant du camp de Koleah, avait établi dans cette petite ville un jardin d'agrément, où il recueillait des primeurs pour lui et d'excellents légumes pour sa troupe.

Ces modestes commencements ont eu les résultats les plus favorables, et partout s'est établi un concours unanime de volontés au profit de la culture, appelée à transformer en peu de temps ce vaste désert en une magnifique oasis. Quiconque a vu les jardins de Blidah, les délicieux villages de Birkadem, de Birmandreis, la vallée du Sessaff, le café des Platanes, la gorge du Bouzareah, le vallon de Koleah et mille autres points ravissants de ce territoire à peine occupé par nos armes et sillonné par nos charrues, n'éprouvera aucune surprise en apprenant qu'à l'Exposition de Londres l'Algérie avait rang de puissance, et présentait une encyclopédie de matières premières comparables à celles de l'Égypte, de la Turquie et de la Perse réunies. Ses laines, soit venues des tribus, soit exposées par les colons, ont déjà fait de grands progrès sous l'influence des premiers croisements, et la ville de Lyon a pu fabriquer avec des soies gréges algériennes, comparables à celles des Cévennes, mais malheureusement en trop petite quantité, des étoffes moelleuses et du plus vif éclat. Le tabac, surtout celui des environs de Philippeville, commence à s'élever dans l'estime des connaisseurs. La garance et le safran valent les meilleurs produits analogues de Vaucluse et du Gâtinais. La cochenille y est très-riche en couleur, et sans valoir les premières sortes du Mexique, elle est égale à celle de toutes les autres provenances. Les essences odoriférantes, nommément celles du jasmin et du géranium, ont en Afrique des senteurs d'une énergie bien supérieure à nos fleurs distillées de Grasse, déjà douées elles-mêmes d'un parfum si exquis.

Mais l'Algérie rivalisera un jour pour les bois de construction et d'ébénisterie avec les contrées les plus favorisées. Elle exposait à Londres près de quatre-vingts variétés de bois tirés des nombreuses forêts que le domaine a fait reconnaître, en attendant qu'elles soient exploitées et aménagées régulièrement. On ne sait pas assez en France l'importance de ces forêts [1], dont quelques-unes renferment des masses énormes de cèdres, d'autres, comme aux environs de la Calle, beaucoup de liéges, sans parler des caroubiers et des azédarachs épars sur la surface du territoire, et dont les bois marbrés offrent beaucoup de ressources à l'ébénisterie. Le règne minéral n'est pas moins opulent, et déjà l'on fonde de grandes espérances sur les minerais de fer, de cuivre et de plomb répandus tout le long de l'Atlas, mais non encore traités, faute de combustible approprié.

[1] L'administration de la guerre en a fait dresser une curieuse carte.

La conquête récente de la petite Kabylie semble avoir révélé de nouvelles ressources, surtout en huiles, dont plus de quatre millions de litres ont été exportés en 1849. Il y a lieu de penser que ce mouvement ne se ralentira pas si les Kabyles domptés continuent de greffer leurs oliviers, et de prendre part aux améliorations de tout genre dont nos officiers des bureaux arabes ont répandu le germe dans la colonie. Cet admirable résultat des efforts de l'armée ne saurait être passé sous silence quand on parle des produits du pays. Tout ce qui nous arrive des tribus jusqu'à ce jour insoumises est un produit véritable des travaux de nos troupes. Ce sont nos troupes qui ont *découvert* et vaincu ces tribus; c'est à deux officiers de l'armée, MM. Carette et Warnier, que nous devons la première carte géographique qui en retrace les stations avec exactitude, et les moyens de constater l'état approximatif de cette population de trois millions d'âmes[1]. C'est l'expédition du général Marey-Monge et celle du colonel Géry qui ont sondé pour la première fois les *ksours* ou villages du Sahara, et je ne doute point qu'il faille attribuer aussi à nos officiers le fait encore plus étonnant de ces Arabes qui commencent à accepter des *billets de banque* en payement de leurs produits, et qui courent après le *Moubacher* (*le Nouvelliste*), journal rédigé en arabe exprès pour

[1] Réparties entre 1,135 tribus, presque toutes soumises aujourd'hui.

eux au grand profit de la conquête. Le journal et le billet de banque au Sahara ! On ne serait pas sûr d'en trouver partout dans nos départements du centre, des Alpes et des Pyrénées.

L'exposition algérienne rappelle tout naturellement à ma pensée l'une des plus heureuses applications du grand principe de la liberté des échanges, arrachée avec beaucoup de peine à l'esprit restrictif de nos puissances parlementaires. Chacun sait que l'Algérie a vécu presque jusqu'à l'année dernière d'un régime commercial étrange, et dont on trouverait à peine un exemple dans la législation draconienne de l'ancienne Espagne. Elle payait des droits d'entrée sur la plupart des produits introduits sur son territoire. Elle était réputée terre française pour payer les taxes auxquelles la métropole est soumise ; et quand il était question de vendre ses produits à cette même métropole, elle était réputée terre étrangère, et comme telle soumise aux droits de douane. La France poursuivait ainsi en Algérie la chimère d'une production sans débouché possible, et versait le plus pur de son sang, le plus net de ses trésors pour entretenir un champ de manœuvres condamné à la stérilité perpétuelle. Nos idées prohibitionistes sont tellement enracinées dans ce pays, qu'il a fallu des efforts inouïs pour obtenir une loi de douanes qui assimilât enfin l'Algérie à la France, dont elle est une annexe aussi bien que la Lorraine et la Corse annexées en leur temps. Il s'est rencontré des orateurs qui trouvaient tout simple de forcer les Français de l'Algérie de se pourvoir de calicot à Rouen, mais qui leur défendaient de vendre leurs huiles à Marseille. La chute de ce régime absurde a passé pour une victoire à Paris, qui se croit la capitale du monde civilisé.

Tout nous fait donc espérer que, désormais rendue à sa loi naturelle, la production algérienne prendra son essor et qu'elle tiendra tout ce que semblent promettre les produits exposés en son nom par le département de la guerre. Le seul bienfait de cette loi dédommagera la terre d'Afrique de tout ce que lui a fait perdre la révolution de 1848. La plus grande de ces pertes est assurément celle des généraux qui ont si puissamment contribué à sa prospérité : la révolution et la politique les lui ont tous tués ou pris ; elles ont été pour l'Afrique plus meurtrières que les Arabes. Mais les œuvres de tous ces braves leur survivent, et quoiqu'ils soient moins heureux peut-être aujourd'hui dans les régions supérieures où le flot politique les a portés, ils peuvent envisager d'un œil satisfait les services glorieux qu'ils ont rendus à l'Algérie. Leur nom restera éternellement attaché à cette laborieuse conquête. Changarnier sera aussi honoré un jour pour avoir soutenu, à la manière de Léonidas, la retraite de Constantine, que pour avoir dissipé d'un seul revers de sa main une parodie de sédition à Paris. Cavaignac aura une aussi belle page pour sa défense du méchouar de

Tlemcen, où il a lutté seul avec un bataillon contre une armée, que pour sa victoire sur l'anarchie dans les journées de juin; et le général Lamoricière ne fera jamais un discours aussi beau que son attitude héroïque sur la brèche de Constantine.

L'Algérie a beaucoup perdu à la révolution, qui lui a ravi, avec le dévouement des jeunes princes illustrés à son service, les regards attentifs de la France trop légitimement préoccupée depuis lors de ses propres affaires. Cependant la loi sur les concessions de terres et la loi de douanes, qui lui a rendu le marché de la métropole, sont deux bienfaits destinés à porter d'heureux fruits. J'ai peine à comprendre que ce délicieux climat n'attire pas un plus grand nombre de capitaux et d'entreprises sur un sol aussi admirablement disposé pour enrichir l'homme et pour le charmer. Je ne connais pas, après les séductions de Paris, de ville en Europe qui puisse être comparée à Alger pour la facilité de la vie, pour le bon marché, l'abondance et la variété de tous les articles de consommation. La baie de Naples ne vaut pas la baie d'Alger. La société algérienne s'est beaucoup perfectionnée. Il n'y a pas de cité départementale en France, je n'excepte pas même Lyon et Marseille, qui présente une réunion plus variée d'intelligences, de talents et de capacités. On rencontre tous les jours des activités qui cherchent un emploi utile de leur temps, des hommes de loisir embarrassés de trouver un asile agréable pour leurs vieux jours : que ne vont-ils chercher fortune et repos à Alger? Alger sera bientôt le jardin des primeurs de Paris et la maison de campagne de tous ceux qui aiment la chaleur en hiver, l'air de la mer en été, le calme, la douceur de l'existence, l'économie et la rêverie.

C'est le soldat français qui nous a fait cette conquête, dont on saura le prix quelque jour, quand le chemin de fer de Paris à Marseille sera terminé. Les produits algériens donnent déjà la plus brillante idée de cet avenir, qui commence à peine et qui recevra un développement immense le jour où, par quelque caprice imprévu du peuple français, le flot aujourd'hui égaré de la démocratie prendra son cours vers ces rivages.

LETTRE TREIZIÈME.

Monsieur, après le succès éclatant de l'exposition lyonnaise, il n'en est point de comparable à celui des fabriques de Mulhouse, qui ont eu aussi le bon esprit de paraître en nom collectif, et qui ont excité l'admiration universelle. Ici ce n'est plus par la richesse de la matière que les exposants ont brillé, c'est par l'élégance des dessins et surtout par leur éclatante exécution. Des mousselines, des jaconas imprimés pour robes, des toiles peintes pour rideaux et pour meubles, voilà le fonds général de l'exposition alsacienne; mais avec ce simple fonds ils ont trouvé le moyen d'éclipser toutes les fabriques rivales, et ils ne craignent plus aujourd'hui aucune concurrence.

Je ne crois être injuste envers personne en affirmant que les industriels de l'Alsace sont les premiers fabricants de France, soit par l'importance de leurs propres capitaux, soit par les capitaux des banquiers qui les commanditent. Ils ont tous pris la fabrication au sérieux, et ils ne s'y livrent point, comme tant d'autres, pour faire une petite fortune et *se retirer* ensuite dans leur oisiveté. Ils vivent dans l'industrie, et ils y meurent. Les fabriques passent de père en fils, sans cesse perfectionnées par l'intelligence des générations qui se succèdent. On étudie à Mulhouse, on ne végète point dans la routine : il y a des sociétés industrielles et scientifiques qui essayent de résoudre chaque jour les problèmes économiques du travail manufacturier, et qui y tendent généralement par les voies les plus libérales. Quelle différence avec les manufacturiers exclusifs, absolus et prohibitionistes du Nord, gens habiles aussi, mais intraitables, et toujours prêts à prendre leurs intérêts locaux pour ceux de la France entière !

L'industrie alsacienne devait donc briller au concours de Londres, et il faut avouer qu'elle y fait meilleure figure que celle de Turcoing, de Lille et de Roubaix, dont les fabricants semblent n'être venus qu'à regret, quoiqu'ils y soient représentés par des noms très-honorables, parmi lesquels brille celui de MM. Scrive frères. L'Alsace est un pays manufacturier modèle. Fabrique de machines, filature, tissage, impressions, tout y est réuni. C'est le pays des mécaniciens, des dessinateurs, des chimistes. Toutes les habiletés spéciales s'y prêtent un mutuel appui, et il en est résulté un ensemble de forces qui a tourné au profit de la fabrique tout entière, et qui attire de préférence sur elle, en toute occasion, l'attention du monde manufacturier. Il suffit de nommer les Kœcklin, les Hartmann, les Dollfus, les Schlumberger, les Zuber, toutes ces familles vraiment patriciennes, pour justifier cette préférence, si bien méritée.

C'est à l'Alsace qu'on doit l'immense développement qu'a pris en Europe l'industrie des toiles peintes depuis vingt-cinq ans. C'est l'Alsace qui a répandu les meilleures méthodes de fabrication et qui les perfectionne sans cesse. Nulle part mieux qu'en ce pays on ne traite les matières tinctoriales : la gaude, la garance, la cochenille, l'orseille ; nulle part on ne les applique avec plus d'éclat et de solidité. L'Alsace est comme une grande école d'*impressions*, où viennent se former les maîtres et contre-maîtres de la fabrication universelle. C'est grâce à elle que l'Europe a pris goût à ces tissus gracieux et légers qui décorent aujourd'hui à si peu de frais toutes les habitations, et qui habillent si économiquement toutes les femmes.

On attendait donc avec une curiosité impatiente l'exposition de ces maîtres de l'art. Elle a été digne d'eux sous tous les rapports, et leurs produits sont devenus les types auxquels on compare tous les autres produits analogues pour les classer convenablement. Or, il est bon de dire que tous les imprimeurs de l'Europe se sont accordés à reconnaître que Mulhouse l'emportait pour toutes les impressions, comme Lyon pour toutes les soieries. Cette supériorité est plus facile à constater qu'à définir. Les Anglais sont grands producteurs de toiles peintes; les Belges, les Autrichiens, les Prussiens, les Saxons, les Espagnols, les Turcs même le sont aussi. Mais, sauf deux ou trois fabricants de Manchester, tous ces industriels appartiennent plutôt à l'école de Rouen qu'à celle de Mulhouse. Les calicots qu'ils impriment sont très-ordinaires et ne peuvent lutter avec les nôtres.

C'est par l'immensité des affaires et par l'économie des détails que les Anglais se distinguent de toutes les autres nations vouées, comme eux, au travail des toiles peintes. Leur grand avantage consiste à opérer sur des masses énormes de marchandises et à ne négliger aucun atome de matière. Il faut voir avec quelle sollicitude ils recherchent une économie d'un centime sur un produit chimique, sur un numéro de fil, sur une matière colorante, sur un transport; et avec quel art ils transforment cette économie en profits, par millions, en multipliant leurs débouchés par la demande et la demande par le bon marché! Cet art est poussé, en Angleterre, jusqu'aux détails les plus microscopiques, et l'on y voit se former de véritables océans de richesse, goutte à goutte, quand on suit avec les yeux de l'analyse les transformations successives du capital consommé et reproduit.

Aussi, toutes leurs usines ont un caractère sévère et même un peu triste, de grandeur et de simplicité. Pas un seul ornement, point de colonnes, point de luxe d'architecture : de hautes et noires murailles en briques, des planchers en fer, des escaliers en fer, des portes de fer, des barrières de fer partout ; rarement des fleurs et des arbres autour d'une manufacture, jamais d'arbres à fruit. Le séjour du travail n'est pas gai parmi eux, il faut en convenir. En France, au contraire, et particulièrement en Alsace et en Normandie, les fabriques ont presque partout un aspect attrayant et plein de charme. Elles sont habitées, souvent pendant toute l'année, par leurs propriétaires ; elles sont entourées de jardins, ou précédées de belles avenues, ou bordées de belles eaux, et leur caractère plus artistique répond mieux à leur destination et aux habitudes françaises. Je n'oublierai jamais, comme un des plus nobles spécimens dans ce genre, la belle usine de MM. Zuber, à Rixheim, près Mulhouse, avec ses grandes cours spacieuses, ombragées de magnifiques platanes, qu'on prendrait volontiers pour une *villa* d'Italie plutôt que pour une fabrique de papiers peints. A Thann, à Cernay, on en pourrait citer d'autres exemples non moins remarquables.

C'est donc toujours par l'art et par le goût que nous nous distinguons et que nous luttons avec nos rivaux. Ils brillent par le compas et nous par le crayon. Ils font des profits sur le combustible, sur le fer, sur la *masse* des produits fabriqués, sur les plus grandes facilités du crédit parmi eux : nos bénéfices, à nous, viennent de nos dessins, de notre invention en matière de couleur ou de forme. Ils *forcent* l'acheteur par le bas prix; nous le séduisons par la nouveauté. La prospérité d'une usine anglaise dépend beaucoup plus de son chef; celle d'une usine française dépend beaucoup plus de ses ouvriers.

Il est évident que partout où il ne s'agit que de faire fonctionner régulièrement des machines à peu près parfaites, telles que ces renvideurs anglais de 1,200 broches, machines - monstres qui marchent toutes seules, qui vont, qui viennent, j'allais dire qui raisonnent, il suffit du capital et du mécanicien pour que tout aille de soi; mais quand le succès de l'usine dépend des dessinateurs, des chimistes, des apprêteurs, la richesse du maître n'y peut rien : c'est le génie des ouvriers qui fait presque tout; c'est cette valeur des ouvriers que les économistes ont appelée leur *capital moral*, infiniment plus grand en France que partout ailleurs. Ainsi, le magnifique meuble exécuté par M. Fourdinois, et qui a produit une si grande sensation à l'Exposition de Londres, est sorti du cerveau d'un habile sculpteur, M. Protat, qui ne figure pas même sur le catalogue.

L'Exposition de Londres et l'étude des usines françaises et anglaises signalent d'une manière très-significative cette différence du génie industriel des deux nations. Nous venons d'indiquer cette différence dans la construction, dans le site et dans l'entourage des fabriques ; mais elle bien plus frappante encore quand on pénètre dans les ateliers pour y étudier le caractère distinctif des deux races. L'ouvrier anglais est froid, silencieux, absorbé par sa tâche ; il a un type particulier de fermeté patiente et rude qui le distingue des autres travailleurs, même dans son pays.

L'ouvrier français, au contraire, plus vif, plus gai, plus ouvert, aime la causerie, et s'y livre volontiers, partout où le bruit des métiers ne couvre pas sa voix. L'ouvrier anglais vit plus isolé ; il cache davantage sa vie ; il préfère la vie de famille, quand il en a une. Le Français aime mieux la place publique, le bruit, les discussions politiques. L'ouvrier anglais ne lit jamais les journaux ; l'ouvrier français les recherche avec avidité. Il faut compter aussi pour quelque chose dans le caractère des deux races d'ouvriers l'influence du milieu dans lequel ils vivent : les Français, accoutumés de bonne heure à l'étude des arts, du dessin et à la vue des monuments des arts ; les Anglais plus habitués au maniement des instruments et à leurs innombrables applications.

Quelque supériorité que les habitudes sévères des Anglais assurent à leurs manufactures, l'industrie alsacienne est celle de France qui tend le plus à la leur

ravir, parce qu'elle joint aux avantages de l'ordre économique intérieur, le mérite des arts nombreux qui
ajoutent presque sans dépense à la valeur des produits. Ce n'est pas la richesse de la matière qui fait le
prix des toiles peintes ; c'est le goût, l'originalité du
dessin, l'heureuse combinaison des couleurs, toutes
supériorités du génie français qui compensent, par une
sorte de faveur naturelle, les éléments d'infériorité
que nous pouvons avoir.

On retrouve le même contraste dans une industrie
bien différente, en pleine révolution aujourd'hui et
partagée en deux camps très-distincts ; je veux parler
de l'orfévrerie artistique et de l'orfévrerie industrielle.
M. Garrard, à Londres, et M. Odiot, à Paris, représentent l'orfévrerie industrielle ; M. Rudolfi, M. Morel,
M. Froment-Meurice, représentent l'orfévrerie artistique. Qui a raison ? Qui a tort ? Qui travaille dans les
intérêts bien entendus de la production ? Comment
établir une comparaison équitable entre des genres
aussi opposés ?

L'orfévrerie a acquis, dans ces derniers temps, une
importance telle, que la question ne sera pas facile à
résoudre au sein du jury universel. Ainsi les Anglais
s'inspirent encore des formes amples du siècle de
Louis XIV, tandis qu'en France on s'est longtemps
étudié à imiter le grec et le romain. Les Anglais pré-
fèrent l'utile et le comfortable au *maniéré*, aux imitations bâtardes d'une renaissance dont l'originalité

consiste trop souvent à changer le blanc en noir et à donner à l'argent la couleur du fer.

Nous n'avons que trop vu, à l'Exposition de Londres, des masses entières d'articles de ce genre, des groupes fantastiques d'une utilité douteuse et plutôt destinés à figurer dans un cabinet de curiosités que sur une table bien servie.

Que signifient ces palmiers en argent, ces messieurs à cheval, ces figures allégoriques, hiéroglyphiques, et toutes ces compositions bizarres dont l'orfévrerie anglaise a inondé l'Exposition? Rien qu'un écart dangereux de la ligne du goût, capable de jeter l'industrie tout entière dans une fausse voie et de tarir la source de ses débouchés. J'aime mieux la simplicité mâle et fière d'Odiot. Odiot, orfévre, a fait de l'orfévrerie. Toutes ses pièces sont destinées à l'usage et au service de la table. Ses candélabres, tout élégants qu'ils sont, sont faits pour porter des bougies, ses soupières pour contenir de la soupe, ses cafetières pour verser le café! Il n'y a plus à mettre qu'une bouteille de champagne entourée de glace dans ses rafraîchissoirs d'argent pur et simple, point forcé, point tourmenté, point oxydé à grands frais. Ainsi le fameux Germain couvrait de ses magnifiques ouvrages la table et les dressoirs de Louis XIV à Versailles.

A côté de ces pièces capitales, où la perfection du travail le dispute à la richesse de la matière, l'industrie de l'argenture et de la dorure électriques, dont le quartier général est à Paris, chez MM. Christofle et Cie, a fait son apparition à l'Exposition universelle, et elle y attire un grand concours de visiteurs. Elle y est venue tard, mais elle a regagné le temps perdu par un étalage habile, brillant et varié, qui sera toujours à l'orfévrerie véritable ce que la dentelle de coton est à la dentelle de fil, mais sans nuire à la première et sans en faire jamais périr le goût. Le procédé Elkington n'est pas encore à l'apogée de sa fortune. L'immense mouvement métallique de la Californie et de la Russie est destiné à lui donner une impulsion nouvelle, et je suis persuadé qu'avant peu la plupart des clefs de nos meubles, une bonne partie de la coutellerie de nos tables, nos armes de chasse et la serrurerie de nos appartements seront dorés par ce procédé.

La France et l'Angleterre ont exposé pour une valeur immense d'objets d'orfévrerie. Plusieurs orfévres en ont envoyé pour un million de francs; d'autres pour cinq cent mille francs, pour cent mille écus. J'ignore qui achètera ces Napoléon, ces Wellington à cheval, ces tours de Babel, ces pourfendeurs de mécréants, ces tigres, ces ours et ces lions d'or et d'argent qui ne servent à rien; et il me semble que le bronze réussit mieux que les métaux précieux pour les groupes purement artistiques. Le bronze est plus ferme et plus sévère, et il est devenu tellement flexible aux mains des ouvriers parisiens, que la ciselure y brille d'un plus vif éclat que dans l'orfévrerie même. C'est dans l'industrie des bronzes qu'on a le plus admiré l'alliance du goût, des formes et de l'imagination. Cette industrie s'accroît tous les jours, et son importance gagnera beaucoup à la comparaison qui ressort de l'aspect des bronzes du reste de l'Europe, tels qu'ils ont paru à l'Exposition.

On en peut dire autant de l'industrie des lampistes français, qui sont aussi les maîtres dans ce grand concours, et des maîtres sans rivaux. L'Exposition a révélé à ce sujet un fait vraiment curieux et inattendu : c'est la confection détestable de la lamperie dans toute l'Europe. Il n'y a rien de plus lourd, de plus disgracieux, de plus incommode que toutes les lampes anglaises, allemandes, belges, suisses, sous quelque rapport qu'on les examine.

Ici, on fait sortir *la mèche* du calice d'une rose ou du fond d'une tulipe; ailleurs de l'œil d'un oiseau, d'une grappe de raisin, d'une pomme, d'une poire, d'un abricot. Quelquefois les cheminées de cristal, posées pour le tirage, sont suspendues à une branche d'arbre ; par moments, elles sont taillées en forme de cloche renversée, ou bien elles représentent des *convolvulus*, des fleurs de lis, des ognons de jacinthe épanouis. On dirait que les fabricants se sont évertués à imaginer les combinaisons les plus ridicules pour dénaturer leurs produits.

Le bon goût qui préside habituellement à l'exécution des articles français a préservé nos fabricants de lampes de cette contagion du mauvais exemple, et il est probable qu'ils seront amplement récompensés du zèle qu'ils ont presque tous mis à se présenter au Palais de Cristal.

Il a suffi d'un coup d'œil pour faire apprécier l'immense supériorité qu'ils ont sur tous leurs rivaux. Nos lampes ont été généralement admirées : lampes Carcel, lampes Gaigneau, lampes de tous les procédés, toutes éclairent également bien, sont portatives, légères, faciles à monter, à démonter, à nettoyer, ne tiennent que la place qu'elles doivent tenir et répondent parfaitement au but auquel elles sont destinées. Nos lampistes ont obtenu un des grands succès de l'Exposition, et il y a lieu d'espérer que la fabrique parisienne en gardera un souvenir aussi fructueux qu'honorable.

Je compte vous signaler dans une prochaine lettre [1], les caractères généraux de l'Exposition en ce qui concerne l'Angleterre, et définir aussi nettement que possible les produits où sa supériorité est incontestable. En réalité, le seul débat sérieux est entre elle et la France. Tout le reste de l'Europe gravite plus ou moins autour de l'orbite de ces deux grandes planètes.

---

[1] Cette lettre ne viendra qu'après celle qui suit, et qui est un hors-d'œuvre suscité par une attaque violente de M. Thiers, à la tribune, contre les conséquences de l'Exposition universelle.

LETTRE QUATORZIÈME[1].

Ah! monsieur, c'est trop fort, et vous me permettrez bien de profiter de cette correspondance pour protester, au nom du bon sens indigné et de la vérité trahie, contre l'étrange discours que M. Thiers a prononcé à

[1] Voici une lettre qui m'a été fort douloureuse à écrire, et que je reproduis avec le plus profond chagrin, sous les auspices du droit de légitime défense. M. Thiers est un des hommes de notre temps dont j'honore le plus les travaux et les convictions. Il est, comme moi, fils de ses œuvres; il est arrivé à force de labeur et de talent au rang qu'il occupe aujourd'hui, et il a rendu à la cause de l'ordre, depuis qu'elle a été sérieusement compromise, des services qui seront l'éternel honneur de son nom. Outre les sympathies sincères que j'ai toujours eues pour sa personne, je n'oublierai jamais que c'est à lui que je dois ma nomination aux fonctions de professeur d'économie politique, que je remplis depuis vingt ans bientôt au Conservatoire des arts et métiers. Mais M. Thiers a été élevé

l'Assemblée nationale dans la question soulevée par M. de Sainte-Beuve. Outre l'insulte personnelle que l'honorable défenseur du système prohibitif s'est permise contre les hommes qui soutiennent aussi consciencieusement que lui des opinions contraires à la sienne, nous avons à venger les droits de la science et

dans les idées du blocus continental, et il y persiste en dépit de l'invention des bateaux à vapeur, des chemins de fer et des télégraphes électriques.

Je n'ai donc pas été surpris de le trouver fidèle à ses doctrines en le voyant combattre la proposition de réforme douanière soutenue par l'honorable M. Sainte-Beuve. Dès lors, j'ai dû prévoir le sort de cette proposition, dont le moindre malheur était d'arriver sans préparation devant une assemblée préoccupée d'intérêts politiques. En tout autre temps, et en présence des arguments irrésistibles fournis par l'Exposition universelle de Londres, la réforme de nos lois de douane aurait eu des chances certaines de succès; mais c'est une des conséquences les plus désastreuses de la révolution de 1848, d'avoir rendu toute espèce de réforme impossible avant celle de la constitution anarchique que cette révolution a imposée à notre pays.

M. Thiers pouvait se borner à faire valoir cette circonstance aggravante et à demander l'ajournement d'une discussion inopportune. Il a mieux aimé profiter de l'occasion pour proclamer devant une assemblée républicaine l'immortalité du système prohibitif au moment où ce système succombe, même au sein des monarchies les plus arriérées, devant la raison publique et les progrès de la civilisation. Cette entreprise, quoiqu'elle fût un véritable tour de force, n'était pas au-dessus de l'habileté de M. Thiers; cependant il n'a pu la faire réussir qu'en de la justice indignement méconnus, et à répondre par des considérations sérieuses au persiflage d'un orateur qui ne paraît avoir d'autre religion que celle du succès.

Par amour pour le repos, je voulais garder le silence. Le temps n'eût pas tardé à faire justice de

niant hardiment les faits les plus authentiques, en produisant les calculs les plus erronés, et en donnant au monde le regrettable spectacle d'un grand talent employé au service de la cause la plus déconsidérée de ce temps. M. Thiers a cru devoir suppléer par l'ironie au manque de raisons, et il a essayé de déverser le ridicule, à la tribune où nous ne pouvions lui répondre, sur tous les hommes qui ont défendu la liberté du commerce, depuis Turgot jusqu'à sir Robert Peel.

C'est sous l'empire de l'émotion légitime que nous avons ressentie de ces procédés indignes d'un homme d'État, que la lettre ci-dessus a été écrite. M. Thiers a été écrasé, nous pouvons le dire, sous le poids des réponses qui lui sont venues de tous les points de l'horizon. La chambre de commerce de Marseille a pulvérisé ses arguments en faveur des lois céréales. Un manufacturier célèbre, M. Dollfus, a réduit à néant ses chiffres sur la fabrication du coton. La Suisse n'a pas laissé debout une seule de ses assertions en ce qui la concerne, et l'Angleterre tout entière a protesté contre les inexactitudes par trop hardies de son discours, si plein de mépris pour la notoriété publique. J'ai protesté pour ma part contre ce système déloyal de discussion, et je publie la lettre qui nous sépare à tout jamais d'un adversaire jadis aimé, mais qui ne sait plus respecter ni les caractères, ni les convictions. — Marseille et Bordeaux avaient pourtant respecté les siennes en le nommant leur représentant !

toutes ces vieilleries qu'on nous a données à la tribune comme de patriotiques révélations; mais il n'est pas possible de s'abstenir en présence de tant d'assertions inexactes, de faits controuvés et d'expériences contestées, quoiqu'elles soient désormais aussi incontestables que la lumière du jour. La tribune ne saurait avoir le privilége de faire passer pour vrai ce qui est faux, ni de résoudre les questions par la plaisanterie et l'injure. Ce privilége appartient à un homme de talent moins qu'à aucun autre, surtout quand il a mis la main aux affaires d'une manière qui ne fut pas toujours heureuse et qui semblait devoir lui commander, après tant de mécomptes, un peu plus de modestie. Il ne faut abuser de rien, pas même du malheur.

M. Thiers est un partisan convaincu du système protecteur, et je lui rends volontiers cette justice qu'il n'a jamais varié dans ses convictions. Il devrait, dès lors, respecter les convictions des hommes qui ne pensent pas comme lui, et ne pas les accuser de faire de la *littérature désastreuse*, comme si la plus désastreuse de toutes les littératures n'était pas celle qui préconise du haut de la tribune la guerre éternelle et l'éternelle cherté. Mais laissons de côté la question d'amour-propre et d'auteurs : il s'agit bien d'autre chose aujourd'hui. Il s'agit de savoir si le peuple français sera, d'ici à quelques années, *lui seul*, soumis à un régime réformé de fond en comble, non-seulement en Angleterre, mais en Autriche même et en Espagne, et si le dieu Terme, renversé en politique par une révolution inutile, se relèvera, sous forme de muraille de la Chine, au profit de quelques fabricants.

Ce qui m'a le plus révolté dans le discours de M. Thiers, parce que, si ce mode d'argumentation triomphait, il n'y aurait plus de discussion possible, c'est l'assurance avec laquelle il a affirmé que la réforme commerciale anglaise n'avait pas puissamment contribué à l'amélioration du sort des classes ouvrières. A qui persuadera-t-on que la suppression de toute espèce de droit sur le pain et la viande, avec l'accroissement de consommation officiellement constaté qui en a été la conséquence, a été sans influence sur la condition des travailleurs de ce pays? N'est-ce pas par *centaines de mille* qu'on a vu diminuer le nombre de ceux d'entre eux qui étaient inscrits au rôle des indigents! N'est-ce pas un fait de notoriété publique que c'est à ces mesures hardies et généreuses que l'Angleterre doit le calme dont elle n'a cessé de jouir, au milieu des troubles qui ont agité l'Europe entière?

Mais, monsieur, nous ne nous sommes pas contenté de juger des conséquences de cette grande réforme dans les salons de Londres. Nous avons parcouru le pays, et c'est dans les comtés agricoles et manufacturiers que nous avons étudié les effets de la réforme dont M. Thiers essaie en vain de nier les résultats accomplis. Partout, sans exception, nous avons trouvé l'agriculture anglaise en progrès, acceptant résolument les conditions nouvelles, et cherchant dans l'amélioration des procédés et des assolements une compensation à la protection perdue. Vos lecteurs n'ont pas oublié l'exposé que je vous faisais le mois dernier, à pareil jour, des changements remarquables qui se sont opérés avec une rapidité qui tient du prodige, et il faut vraiment ou que M. Thiers ait abusé de la crédulité de ses auditeurs ou que les journaux aient altéré ses chiffres, pour que l'on puisse admettre que le pain coûte en Angleterre 50 centimes le kilogramme quand le blé ne vaut que 15 francs l'hectolitre. Il suffit d'entrer dans la boutique d'un boulanger pour savoir à quoi s'en tenir.

Non, monsieur, les salaires n'ont pas diminué. Vous savez d'ailleurs que ces diminutions, quand il y en a, ne s'opèrent pas d'une manière générale et qui atteigne les populations entières. Elles agissent à la manière des orages, sur quelques industries isolées, dans des circonstances passagères; mais il n'est pas exact de dire qu'il y ait eu en Angleterre une réduction générale des salaires à la suite des réformes de MM. Peel et Cobden. Les changements très-bornés et très-circonscrits qui ont pu avoir lieu dans ce sens ont été amplement compensés par l'abaissement du prix des objets de consommation, et l'on ne saurait prétendre, à moins de nier l'évidence, que la condition générale du peuple anglais n'ait été améliorée d'une manière inespérée par la suppression des taxes qui pesaient sur ces objets. Voilà ce que toute l'éloquence de M. Thiers ne saurait dissimuler, et l'Angleterre tout entière protestera contre les témérités de son langage.

Est-ce bien sérieusement, monsieur, qu'en parlant du droit de 55 francs par tête de bœuf et de 22 0/0 sur les laines, M. Thiers a soutenu que ce droit protégeait le paysan français ? Sont-ce les paysans français payant les cinq millions de cotes au-dessous de cinq francs qui entretiennent des troupeaux de moutons et qui engraissent des bœufs, ou bien les riches éleveurs de la Normandie et du Morvan, et les fermiers du Berry et de la Beauce ? Le malheureux paysan qui, faute de pâturage, mène sa vache brouter l'herbe qui borde les sentiers, est-il un éleveur ? Mange-t-il jamais de la viande ? Est-ce bien lui, sur l'honneur, que la taxe protége ? Et d'ailleurs, la France manquait-elle de bestiaux, alors que la taxe était dix fois moindre qu'aujourd'hui ? N'a-t-on pas vu, au contraire, les bestiaux affluer en Angleterre sous l'influence de la liberté, sans que la production intérieure ait cessé de s'accroître ?

Ce n'est pas sérieusement que M. Thiers a parlé de la protection des soieries et des vins. Les vins et les soieries n'ont pas besoin de protection, et les vins de Malaga pourraient s'échanger avec ceux du midi de la France à la grande satisfaction de toutes les parties. Quel est donc le personnage qui a parlé de faire du

vin à Rouen, à Lille et à Amiens? Réfute-t-on de pareilles absurdités, et peuvent-elles être à l'usage d'un
homme comme M. Thiers, à moins qu'il ne se moque
de l'Assemblée qui l'écoute? Une Assemblée permet
sans doute beaucoup de choses, en France, à l'homme
d'esprit qui l'amuse; mais, quand il s'agit de choses
sérieuses, il faut parler sérieusement.

La pensée fondamentale du discours et du système
de M. Thiers est qu'en prévision de la guerre il faut
s'imposer pendant la paix toutes les charges de la
guerre elle-même. Prenez garde à la guerre : vous
n'auriez plus de fer pour vous défendre, plus de blé
pour vous nourrir, si vous vous accoutumiez à compléter vos approvisionnements à bas prix chez l'étranger. Mais, monsieur, est-ce que le soufre ne vient pas
de Sicile? est-ce que le cuivre ne vient pas de Russie?
est-ce que le plomb ne vient pas d'Espagne? Vous
devez en avoir su quelque chose, lorsque vous avez
fait vos formidables approvisionnements de 1840. Et
pour ne parler que des matières de l'industrie, est-ce
que toute notre industrie cotonnière n'est pas tribu-
taire des États-Unis pour le coton? L'Allemagne ne
nous fournit-elle pas les laines électorales sans lesquelles Elbeuf et Sedan ne pourraient maintenir leurs
fabriques de draps?

C'est donc toujours cette déplorable utopie de la
guerre éternelle qui préside aux conseils de la politique
française! La guerre! toujours la guerre, monsieur,

quand toute l'Europe conspire au maintien de la paix, par ses chemins de fer, par ses relations plus intimes, par les combinaisons d'intérêt qui rendent les capitaux solidaires, par l'expérience même de ces derniers temps où cent mille brandons de discorde n'ont pu parvenir à allumer un incendie que la raison des peuples ou la force n'ait éteint! Il est bien à propos, vraiment, de parler aujourd'hui de la politique de Henri VIII et de celle du roi Guillaume! comme si les temps étaient semblables, comme si les sciences, les arts, la politique, le génie des hommes n'avaient pas changé de fond en comble l'organisation des sociétés et les besoins qu'elles ont à satisfaire!

L'économie politique de M. Thiers n'est pas seulement celle de la guerre, c'est aussi celle de la cherté. L'honorable représentant ne semble effrayé que d'une chose, c'est du bon marché. Il veut que nous fassions *toute chose à tout prix :* c'est ce qu'il appelle la pensée de Dieu. La véritable pensée de Dieu, si tant est qu'il soit donné à l'homme de s'en faire l'interprète sans orgueil, c'est que chaque peuple profite de son génie particulier pour acheter, avec les produits de son travail le plus naturel et le moins coûteux, les produits du travail des autres peuples. La navigation, l'esprit commercial n'ont pas d'autre but, depuis l'origine du monde, que celui de mettre à la portée du plus grand nombre les dons de la Providence éparpillés sur toute la surface du globe, et l'on n'a

jamais appelé barbares que les peuples qui s'enferment
chez eux ou qui portent chez leurs voisins la guerre
et la dévastation.

Voilà la grande erreur contre laquelle les économistes ne sauraient trop protester. Ils peuvent se consoler des épigrammes de M. Thiers en voyant le succès
des réformes de M. Peel. M. Thiers avait beau jeu
quand il nous disait : « Vous êtes des théoriciens ; ja-
» mais vos doctrines ne soutiendraient l'épreuve de
» l'expérience. » A présent qu'une expérience mémorable a été faite, il la nie ou il la déclare seulement
praticable en Angleterre ; il regarde comme une nécessité éternelle, imprescriptible, le système prohibitif,
et il ne veut pas même qu'on le discute. Restez agricoles, dit-il. Eh! monsieur, est-ce la liberté du commerce ou le régime protecteur qui fait affluer dans les
villes les ouvriers de la campagne, et qui a créé les complications sociales dont vous gémissez le premier? Quel
tissu de contradictions ! quel triste abus de la parole !

Heureusement, pendant que nos assemblées se
laissent aller au charme décevant de ces orateurs du
passé, les événements marchent, les expériences
se développent et le grand fait de ce siècle s'ac-
complit. On ne nourrira pas longtemps le peuple
français de scrutins et d'intrigues politiques; on ne
lui fera pas longtemps illusion avec les mots vides et
sonores de travail national, d'invasion des produits
étrangers, et autres semblables. Le peuple français

finira par comprendre que c'est avec du bon acier que l'on fait de bons outils, et que ce n'est pas en maintenant des droits de 15 à 1,700 francs par tonne sur certains aciers qu'on rend les outils moins chers; le peuple français comprendra qu'un droit de 130 pour 100 sur certains cafés est un odieux abus qui le force de consommer pour dix millions de chicorée; le peuple français comprendra que, si la Providence a fait naître quelque part des graines oléagineuses qui permettent d'avoir de l'huile à sept sous la livre, au lieu de quinze ou dix-neuf sous, c'est là qu'il faut s'en approvisionner. Aucun mirage de tribune ne pourra prévaloir contre l'évidence de ces considérations.

L'Exposition universelle de Londres a eu pour résultat décisif de mettre en regard les produits du monde entier, et de constater la supériorité française, non pas en toute chose, mais en une foule de choses. Elle a démontré jusqu'à l'évidence que ce qui manque à notre supériorité, c'est le bas prix, et que ce bas prix est facile à obtenir par la levée des prohibitions ou par l'abaissement des taxes.

Or, l'abaissement des taxes et la levée des prohibitions auraient pour résultat la réduction des profits de quelques-uns, au bénéfice des salaires ou des consommations de tous. M. Thiers s'est fait le défenseur des premiers : nous avons été, sous tous les régimes, le défenseur des autres. Nous persistons à croire que la vraie politique de ce temps est celle qui contribuera à abaisser le prix des objets de consommation et des matières premières du travail, et, dût notre littérature paraître désastreuse aux partisans de tous les monopoles, nous soutiendrons à outrance cette doctrine du bon marché, qui semble impie à M. Thiers.

Il est temps de secouer le joug des hommes qui ont jeté notre pays dans les guerres de mots et de parlement, et qui, surpris par les tempêtes qu'ils ont soulevées, n'ont que des airs de mépris ou de protection pour ceux qui voulaient conjurer nos malheurs. L'honorable M. Sainte-Beuve a fait un acte sage et réfléchi en mettant l'Assemblée nationale en mesure de se prononcer sur ce grave sujet. M. Thiers a eu beau lui dire : « Jeune homme, vous êtes un peu vif, » celui-ci aurait pu répondre : « Vieillard, vous êtes un peu lent, » sans que la question fît un pas. Ce n'est pas avec ce dédain cavalier qu'on aborde de semblables problèmes, gros de révolutions, et en faisant rire la galerie. L'Assemblée fera ce qu'elle voudra, et le rapport de M. de Limayrac ne prouve que trop qu'elle se perdra dans le sillage de la barque de M. Thiers. Mais, encore une fois, il n'est donné à personne, depuis Josué, d'arrêter le soleil.

En vain M. Thiers taxe-t-il la liberté du commerce de niaiserie et de puérilité. Nous nous consolons avec Turgot, avec Peel et tous les grands esprits de l'Angleterre, en voyant le chemin que cette liberté fait dans le monde. Nous la voyons venir comme une marée montante, et nous pourrions nous croiser les bras désormais, qu'elle n'en marcherait pas moins à la conquête des esprits. Le règne des intrigues politiques, qui ont abaissé et perdu en France tant de caractères, touche à sa fin. Il finira avec l'Assemblée qui va disparaître en 1852. Avec l'Assemblée nouvelle, quelle que soit sa couleur, on ne discutera plus les questions d'économie politique du haut des donjons de Wesserling ou dans l'intérêt de telle ou telle industrie, mais dans l'intérêt général du peuple français.

Je me borne à vous dire, monsieur, qu'au moment où tout conspire à rapprocher les hommes, à écarter les guerres, à multiplier les grands travaux publics, à améliorer le sort du plus grand nombre, il n'est sophisme qui parvienne à démontrer que la cherté des vivres et des matières premières est la pensée de Dieu, et le bon marché la pensée du diable. M. le préfet de police fait à Paris un métier peu agréable et qui doit l'exposer souvent à la mauvaise humeur d'un grand nombre de ses administrés, même quand il agit dans les intérêts de l'ordre et de la paix publique. Eh bien, personne ne niera qu'on ne lui ait tenu grand compte de ses tentatives en faveur du bon marché de la viande. On dit qu'il travaille à obtenir une réduction de moitié sur la taxe des vins; pour peu qu'il provoquât aussi une réduction sur le droit du café dans l'intérêt de la santé publique à Paris, ne serait-il pas exposé aux anathèmes de M. Thiers?

LETTRE QUINZIÈME.

Mes précédentes lettres ont dû mettre vos lecteurs en mesure de se former une opinion sur le caractère général de l'Exposition universelle. Tous les témoignages s'accordent désormais sur ce point que j'ai établi dès les premiers jours de mes études, à savoir : que la grande lutte du monde industriel n'existe réellement qu'entre la France et l'Angleterre, et que les autres nations n'ont assisté que comme spectatrices à ce mémorable tournoi.

L'Inde anglaise, la Chine, la Turquie n'y ont paru que pour représenter le passé ; la Russie, l'Australie, les États-Unis, que pour annoncer l'avenir. Mais le vrai débat manufacturier, encore une fois, est entre la France et l'Angleterre, ayant pour seconds l'Allemagne, la Suisse, la Belgique, l'Espagne, l'Italie, puissances très-intelligentes, très-avancées, très-attentives sur le terrain.

Nous avons vu quels étaient les caractères distinctifs de la supériorité française. Nous avons exposé comment nos ouvriers, toujours artistes, jusque dans les articles les plus vulgaires, les premiers cordonniers du monde comme ils sont les premiers tisseurs d'étoffes de soie, savaient donner à la matière des formes élégantes, et racheter par la grâce inimitable du travail ce qui pouvait leur manquer du côté de l'outillage, de l'organisation économique et des capitaux. Le simple résumé de l'Exposition anglaise achèvera ce parallèle, qui ne sera plus possible sur les mêmes bases dans quelques années, si la France acquiert le capital et l'Angleterre l'élégance, vers lesquels ces deux nations marchent d'un pas inégal, mais continu.

On a beaucoup blâmé l'Angleterre de s'être fait ce qu'on a appelé la part du lion, au moins pour l'espace, puisqu'elle occupe la moitié exacte de celui qui est consacré à l'Exposition universelle. Mais on n'a pas considéré que cette moitié a été si bien remplie qu'il n'y a vraiment pas eu lieu de se plaindre, et en voyant les vides assez mal dissimulés de certaines cases dans les autres nations, on se demande ce qu'elles auraient fait d'une place plus vaste, si on la leur eût accordée. L'Angleterre était d'ailleurs chez elle, et il était naturel de penser que sa modestie n'irait pas jusqu'à paraître en négligé à une fête industrielle où elle conviait le monde entier. Il eût fait beau, alors, entendre nos prohibitionistes crier au guet-apens, et soutenir que l'Angleterre avait invité les gens pour voler leurs secrets tout en cachant les siens.

L'Angleterre n'a rien caché. Elle a exposé ses produits à elle et les matières premières de ses colonies. Elle a rangé cette immense encyclopédie dans un ordre admirable, l'ordre qui règne dans son industrie comme dans sa politique, comme dans la société réglée d'où sont sorties tant de merveilles. Elle a tout mis au grand jour, tout publié, jusqu'aux moindres détails de ses procédés, de ses opérations. Elle a donné les plans, les coupes, les dessins cotés de presque toutes ses usines et dévoilé à tous les regards jusqu'aux phases les plus minutieuses de ses exploitations souterraines. On trouve au Palais de Cristal des échantillons de toutes les mines de houille, de fer, de cuivre, d'étain qu'elle possède dans les deux mondes. La reine et les plus grands personnages du royaume n'ont pas dédaigné de fournir leur contingent et de figurer au premier rang parmi les exposants.

On a donc pu contempler là, pour la première fois, le panorama de l'industrie anglaise, et parcourir, du regard, jusqu'aux plus petits méandres de ce fleuve immense qui roule des flots d'or et de richesses. La source en est désormais visible à tous les yeux, et l'on sait maintenant, à ne pouvoir s'y méprendre, le secret de cette production colossale qui a fait de l'Angleterre le pays le plus florissant du monde. C'est de la parfaite intelligence qui règne entre le capital et le travail que proviennent tant de merveilles ; c'est par l'appui mutuel qu'ils se prêtent, au lieu de perdre le temps en luttes envenimées, que leurs efforts communs ont abouti à la création des produits qui font aujourd'hui l'admiration de tous les peuples.

L'industrie métallurgique est le point de départ de cette fortune sans égale. Ses matériaux élémentaires ne sont pas beaux et ils attirent peu l'attention du vulgaire ; mais les Anglais n'en ont oublié aucun, et il est curieux de voir les hommes spéciaux parcourir silencieusement, le carnet à la main, les galeries qui ne contiennent que ces échantillons de si peu d'apparence et *de tant de réalité.* Ouvrez le catalogue au hasard : sable rouge de *Collinson,* pour fondeurs, produisant les plus belles fontes ; sable de *Reigate,* très-recherché pour la fabrication du verre ; spécimen de sable blanc de *Tamworth,* employé avec grand succès pour le flintglass ; kaolin de *Martyn* pour les poteries de Stafford ; argile de *Truro,* propre à former les fourneaux ; ardoises de *Killaloe ;* granits d'Écosse ; pierres de *Portland ;* porphyre à grain tendre, de *Newquay,* pour revêtement de fours à chaux et de fourneaux, etc. Il n'est pas un seul de ces échantillons sablonneux ou terreux qui ne soit la source de fortunes considérables et qui ne procure du travail à des milliers de bras.

Tel est l'aspect sévère de la partie fondamentale de l'industrie anglaise, qui se complète dans ses autres éléments par la plus belle collection de métaux qui soit au monde, et de produits métallurgiques simples ou composés, distribués dans un ordre méthodique et facile à étudier. Minerais de fer, de cuivre, d'étain, de manganèse ; fer, fontes et aciers de toutes les provenances et de toutes les dimensions ; rails de chemins de fer, arbres de couche, bielles gigantesques, chaînes sans fin ou à la Vaucanson, ancres de navires, marteaux et martinets, rien n'y manque. A la suite de ces matières premières ou élaborées, se déroule, comme un immense parc d'artillerie, l'arsenal entier des machines, dont la seule nomenclature détaillée exigerait plus d'un volume, et qui sont toutes mises en action, comme je vous l'ai déjà dit, par des générateurs de vapeur placés en dehors de l'édifice.

Cette encyclopédie vivante et agissante, servie par des ouvriers des divers comtés et des diverses corporations, en costume de leur pays et de leur état, a excité une sensation extraordinaire. Elle a donné au public une très-haute idée de l'industrie anglaise, qu'il ne faudrait pas opposer pourtant à l'aspect morne et silencieux des autres machines européennes condamnées à l'immobilité. Les grands appareils de MM. Derosne et Cail, pour la fabrication du sucre ; ceux de M. Chapelle, pour la fabrication du papier continu ; nos pompes, nos appareils à distiller, s'ils avaient pu fonctionner à l'Exposition de Londres, n'auraient pas produit une impression moins vive ; mais évidemment, ils n'y sont pas en nombre comparable, et ils laissent beaucoup à désirer pour la variété.

Les machines agricoles anglaises, surtout, ont révélé au monde tout un système de moyens dont personne ne semblait avoir la moindre connaissance, et qui prouvent toutes les ressources que la culture emprunte, dans ce pays, à l'industrie manufacturière. Il est évident que les Anglais préparent ou plutôt accomplissent, depuis peu de temps, une véritable révolution dans l'art de cultiver la terre. Ils la traitent avec des soins et des délicatesses infinies. Ils comprennent fort bien qu'après tout, et malgré leurs entraînements industriels et commerciaux, c'est encore la terre qui est la base la plus solide de toute prospérité, et l'on dirait que c'est pour elle qu'ils font travailler leurs usines et leurs vaisseaux. Vous ne sauriez croire jusqu'à quel point ils ont poussé la sollicitude à cet égard. La machine à vapeur a décidément pris possession du domaine agricole, et déjà l'on commence à battre le blé, à hacher les fourrages, à traîner la charrue, à construire les tuyaux de *drainage* avec des machines à vapeur portatives, de la force de quelques chevaux. J'ai assisté, vous le savez, dans le Shropshire, à des expériences très-curieuses de *béchage* mécanique, qui sont en pleine voie de réussite.

La variété de ces charmants instruments d'agriculture dépasse les hypothèses les plus hardies, et elle suffirait seule à attirer à Londres tous les agriculteurs de l'Europe. C'est à l'aide de ces ingénieux auxiliaires que les Anglais triompheront peu à peu de toutes les difficultés de leur climat, de leur sol, et même de toutes les concurrences que la réforme économique leur a créées.

Ils sont parvenus, grâce à la perfection de leurs machines agricoles, à aligner leurs épis de blé dans les champs, comme les plus habiles jardiniers alignent les légumes dans nos jardins. Ils font pousser à volonté ces épis sur la crête des sillons dans les terres humides, et au fond du sillon dans les terres sèches; ils feront bientôt tout ce qu'ils voudront de la nature assouplie, obéissante à leurs ordres, comme un serviteur habile et discipliné. Je ne saurais trop inviter les cultivateurs français à faire le voyage des grands comtés agricoles de l'Angleterre, le Norfolk, l'Yorkshire, le Shropshire et l'Écosse. Qui peut dire quel serait l'avenir de la terre française cultivée par l'art anglais? Allez, messieurs, et voyez.

Après les grandes machines et les machines agricoles viennent les instruments de précision. L'Angleterre en expose de beaux, assurément; mais les nôtres l'emportent, et depuis les chronomètres jusqu'aux phares, depuis les lunettes jusqu'aux pianos et aux orgues, nous gardons notre rang dans les sciences comme dans les arts. Nous devons seulement avertir ceux qui croiraient pouvoir s'endormir dans une sécurité trompeuse, que si M. Fresnel a créé une école de construction pour les phares, école toute française et un moment sans rivale, aujourd'hui les Anglais sont passés maîtres à leur tour dans cet art difficile, et marchent presque nos rivaux.

Érard seul, troisième du nom, demeure à Londres comme à Paris le facteur de pianos par excellence. Le souffle violent des révolutions n'a pu ébranler sa dynastie, qui règne des deux côtés de la Manche, et par droit de conquête et par droit de naissance. Je ne veux pas laisser passer sans vous en dire un mot son admirable piano, style Louis XVI pour le dehors, façon Érard pour le dedans, qui a excité au plus haut degré l'attention des connaisseurs. L'orgue de M. Ducroquet a *éteint* la voix de tous les autres, surtout quand il était touché par M. Danjou, lequel n'est pas seulement un organiste brillant, mais un habile écrivain. Il a failli plusieurs fois faire émeute dans les galeries de l'Exposition, en y jouant les airs immortels de la *Muette,* de mon illustre ami Auber, devant trente mille spectateurs ravis et suffoqués.

L'Angleterre est surtout intéressante à étudier pour des Français, dans toutes les branches de l'industrie des tissus, où elle aspire à régner en souveraine. Tout a été dit de sa supériorité dans la filature et le tissage du coton; elle y a développé une puissance qui semble être parvenue à ses dernières limites. Il faut voir ses renvideurs de 1,200 broches, et ses métiers mécaniques à tisser, pour avoir une juste idée de ce que c'est que cette industrie aujourd'hui.

Nous avons rapporté des fils du n° 2070, comme vous savez, et des prix courants qui établissent de la manière la plus certaine l'impossibilité actuelle pour aucun peuple de travailler à de pareilles conditions, à moins de réductions dans les tarifs. Aussi, et en attendant l'heure fortunée où les transports, la houille, le fer et le crédit seront accessibles en France aux mêmes facilités qu'en Angleterre, devons-nous profiter de notre supériorité artistique et compenser par le travail des impressions ce qui nous manque du côté de la filature et du tissage.

C'est ce qui a fait l'objet d'une lutte ouverte entre M. Jean Dollfus, le célèbre industriel de Mulhouse, et les partisans du système prohibitif, qui viennent d'obtenir un triomphe éclatant et de courte durée, j'espère, à l'Assemblée nationale, sous les auspices de M. Thiers, brillant soldat ce jour-là d'une bien mauvaise cause. Ceci est le commencement d'hostilités qui ne s'arrêteront plus. Rappelez-vous, monsieur, que malgré les réformes intelligentes de M. Huskisson, le système prohibitif anglais n'a réellement fléchi que le jour où il fut attaqué par un manufacturier, un fabricant de toiles peintes aussi, M. Cobden de Manchester.

Jusque-là, ni les démonstrations des économistes,

ni l'esprit élevé du gouvernement anglais n'avaient pu entamer la prohibition dans ses retranchements; mais lorsqu'un seul de ceux qu'on croyait intéressés à tort au soutien de ce régime eut levé l'étendard de la protestation, l'édifice entier s'est écroulé comme un château de cartes. La veille même de sa chute, il semblait plus solide que jamais.

Ainsi l'Exposition anglaise a prouvé que dans l'industrie des tissus de coton, nul ne pouvait lui ravir en ce moment la palme du *blanc*, comme disent les gens du métier, ni celle des unis. Mais quand on a examiné les toiles peintes de Manchester et même de Glasgow à côté de celles de Mulhouse, il est évident que l'avantage est pour nous, et que nous aurions grand profit à imprimer les étoffes que les Anglais fabriquent à meilleur marché. La question se dénouera peu à peu, de cette façon, dans la pratique industrielle. Les foulards de l'Inde ont été admis en France pour y être imprimés, et nos fabriques n'ont eu qu'à se louer de cette tolérance. Que d'excellents résultats nous retirerions de l'introduction libre des aciers, pour une foule d'industries qui payent si cher cet élément indispensable de tant de fabrications utiles!

La fabrication des étoffes de laine, si ancienne en Angleterre, s'y est maintenue à un rang très-distingué, grâce aux efforts continuels que les industriels de ce pays n'ont cessé de faire pour la mettre en état de lutter contre la France, la Belgique et la Prusse. Les usines de Leeds et de l'Écosse, rivales d'Elbeuf et de Reims, n'ont point à supporter le droit de 22 pour 100 qui pèse en France sur les laines; mais elles manquent de ce goût original et délicat qui fait rechercher nos articles de nouveautés.

Partout nous retrouvons cette rivalité de la mécanique anglaise et de l'art français. N'est-ce point une indication décisive de ce qui doit être fait dans l'intérêt de nos industries, afin qu'elles puissent cumuler un jour les avantages du travail et les priviléges du génie? Quiconque a vu, ne fût-ce qu'en passant, les merveilles de l'exposition des articles de Sheffield, et les milliers d'articles dont elle se compose, depuis les plus minces canifs jusqu'aux scies circulaires du plus grand diamètre, comprendra facilement de quelle importance doit être le bon marché des fontes et des aciers.

Jamais rien de plus riche et de plus varié ne s'était vu dans aucune réunion de marchandises semblables, en aucun pays du monde. Jamais on n'avait admiré de telles collections de cheminées, armées de barreaux d'acier éclatants comme de l'argent, rehaussées d'ornements en bronze doré, simples et sévères et pourvues de garnitures commodes, riches et maniables. Elles forment comme un musée à part, où tous nos architectes devraient bien aller apprendre l'art de faire des cheminées qui ne fument pas et qui nous chauffent un peu. Ce serait une fameuse importation à Paris; mais nos très-hauts et très-puissants maîtres de forges y ont mis bon ordre à l'aide des tarifs : *les fontes ouvrées sont prohibées*. De quelque côté que le commerce et les besoins publics se tournent, ils trouvent toujours la grande muraille de la Chine.

Quand la renverserons-nous donc, cette muraille? quand donc nos hommes publics, qui pensent quelquefois beaucoup plus à leurs intérêts privés qu'aux nôtres, emploieront-ils leur talent au service de la vérité plutôt qu'au service des coteries dominantes? Quand donc le peuple français cessera-t-il de brûler sa poudre à des feux d'artifice, au lieu de l'employer à ouvrir les véritables mines de la prospérité publique? N'est-il pas déplorable d'entendre traiter à la tribune Turgot, Adam Smith, Huskisson, Robert Peel, ces génies bienfaisants de notre temps, de petits esprits et de coureurs d'aventures ! Nos grands hommes d'aujourd'hui ont si bien et si bravement mené la France ! Mais la France finira par les mener plus rudement et plus loin qu'ils ne pensent.

LETTRE SEIZIÈME.

Monsieur, je suis revenu à Londres pour jeter un dernier regard sur cette belle Exposition, aujourd'hui plus complète, plus visitée, plus fréquentée que jamais. On y accourt de plus en plus de tous les coins du monde; chacun se hâte d'y assister, comme à un spectacle qu'on ne verra pas de longtemps, et la génération présente ne reverra plus, soyez-en sûr, le pareil. Il n'y a rien de plus intéressant à étudier, en ce moment, que le flot toujours montant des visiteurs populaires; car personne en réalité, dans ce pays si profondément hiérarchique, n'aura été exclu. Matelots, soldats, écoliers, enfants trouvés, chacun aura eu son tour.

On a consenti pour eux des conditions particulières de faveur. On voit toutes ces corporations arriver par troupes joyeuses, portant des rubans et des numéros à la boutonnière, et précédées de guides revêtus de leurs insignes professionnels. Il y a même un jour où l'on n'admet, jusqu'à midi, que les impotents et les malades : c'est le samedi. Ce jour-là, les galeries sont envahies par une véritable masse de chaises à porteurs, de petites voitures à bras, de véhicules orthopédiques de toute espèce; et les produits roulés ne sont pas moins curieux que les produits roulants.

Il est donc temps de conclure et de résumer, pendant que nous avons les pièces sous les yeux, les faits principaux et les conséquences les plus décisives de l'Exposition universelle. Les deux plus grands résultats qu'on en espérait, celui de la connaissance exacte des prix de vente en gros, et la classification officielle des supériorités dans chaque branche d'industrie ne seront pas atteints; les industriels ne se sont pas prêtés au succès du premier, et le jury n'a pas jugé convenable de réaliser le second. Les prix de revient continueront donc toujours d'être un mystère pour toutes les personnes qui ne sont pas initiées aux procédés de la production, et nul peuple n'aura le droit de dire : « C'est moi qui fabrique le mieux tel article ou tel autre. »

Cependant, il n'y a pas un homme spécial qui ne sache à quoi s'en tenir aujourd'hui sur ces hautes questions, et qui n'en puisse raisonner consciencieusement, comme si elles eussent été authentiquement résolues. Elles le sont pour tout observateur compétent qui sait décomposer un prix courant et qui a visité les principaux foyers industriels de l'Europe. L'Europe sait aussi, malgré la réserve du jury, quels sont les vrais maîtres en fait de travail des métaux, des laines, des soies, du fil et du coton. On a craint de le constater de nation à nation, en décernant des médailles qui eussent pu paraître des commandes pour les uns et des exclusions pour les autres; mais l'opinion publique a prononcé, et la France aura fort à s'applaudir de ses décisions.

Il n'y aura donc ni grands, ni petits, ni premiers, ni seconds. Le jury dira tout simplement : « M. un » tel, Français, fabrique très-bien du drap, du calicot » ou de la porcelaine; M. un tel, Autrichien, Anglais » ou Belge, fabrique très-bien les mêmes articles ; » nous leur accordons une médaille de bronze, nous » leur faisons mille compliments, et nous leur souhai- » tons mille prospérités. Vive la reine ! et tout est dit. » Ce n'est pas là, Monsieur, ce que quelques-uns espéraient au début de l'Exposition. On attendait de ce grand concours ce qu'on a droit d'attendre de tous les concours, une classification par ordre de mérite. On espérait savoir officiellement, puisqu'on avait créé un jury international, qui fait le mieux en Europe et dans le monde, les toiles, les meubles, les armes, les machines, telle chose ou telle autre, et s'il vaut mieux acheter certains articles à Paris, à Londres, à Berlin ou à Pékin.

Voilà ce que le public ne saura point d'une manière catégorique; mais les éléments de ces appréciations importantes ont dû être fournis au jury, et plusieurs milliers de fabricants et de négociants auront pu se les procurer à l'Exposition, avec autant d'authenticité que les jurés eux-mêmes. C'est un grand résultat, qui, pour être voilé de quelques nuages, n'en portera pas moins des fruits heureux et féconds. L'Exposition a, de plus, mis en regard d'une manière éclatante les produits universels du travail automatique et collectif, et ceux du travail individuel et artistique. On a pu les comparer, juger de leur valeur relative, et l'on sait à peu près à présent de quel poids ces deux grands ateliers, si diversement organisés, pèsent dans la balance de la production générale du monde. On étudiera mieux désormais la condition qu'ils assurent aux travailleurs des deux systèmes, les crises qui les menacent, les débouchés plus ou moins certains qui sont ouverts à leurs produits.

Mais, ainsi que je vous le mandais au début de cette exploration, le fait capital de l'Exposition, c'est la lutte de la France et de l'Angleterre. En réalité, ces deux grandes puissances dominent le terrain tout entier par la supériorité de leurs capitaux, de leurs procédés, de leur science appliquée, de leurs voies de communication; mais chaque jour voit s'élever à côté d'elles le pouvoir productif des nations voisines, et vos lecteurs ont pu juger, par les aperçus que j'ai tracés de ce mouvement remarquable, avec quelle rapidité il avait marché depuis quelques années. En Autriche, en Prusse, en Belgique, en Suisse, la fabrication mécanique s'est développée sur une échelle immense. Aussitôt qu'une invention nouvelle, partie de France ou d'Angleterre, apparaît sur un point, on s'en empare sur tous les autres, et l'égalité s'établirait bientôt entre les ateliers, si chaque peuple n'avait à vaincre quelques entraves naturelles ou artificielles, qui maintiennent les différences de succès parmi eux.

Parmi les peuples non manufacturiers, et même chez quelques-uns de ceux qu'on suppose encore un peu barbares, l'Exposition a révélé des trésors inconnus de matières premières qui méritent toute l'attention du commerce européen. Rien de plus curieux que les collections indiennes et australiennes de matières textiles *inédites*, sans parler du fameux *jute* du Bengale, exploité en ce moment par deux manufactures écossaises, et que les Anglais croient appelé à les délivrer de la tyrannie du coton américain et du chanvre russe.

Avant peu, l'industrie britannique aura rendu bon compte à l'Europe de la valeur de ces végétaux fibreux et tenaces qui pendaient en longues mèches dans les galeries de l'Exposition. Les laines de l'Australie peuvent être considérées sous ce rapport comme une véritable nouveauté, par l'abondance avec laquelle elles arrivent, et surtout par leur bon marché et leurs qualités distinctives.

Rien ne saurait donner une juste idée de la variété extraordinaire des graines oléagineuses qui paraissent devoir accroître le catalogue, assez borné jusqu'à ce jour, des produits de cette espèce. Il y en a d'excessivement riches à l'Exposition; bien plus riches, si l'on en croit les confidences qu'on nous a faites, que le sésame et l'arachide. Mais qui sait si elles trouveront grâce devant le colza de nos très-hauts et très-puissants seigneurs du Nord? N'est-il pas convenu que la cherté est le but auquel on doit tendre pour le bonheur public, et que le plus grand des fléaux, selon plusieurs de nos hommes d'État, serait d'avoir le pain, l'huile, la viande et le reste à bon marché? N'est-ce pas pour cela qu'il y a des douanes? N'est-ce pas pour ce qu'on appelle le nivellement des prix que nous maintenons des échelles mobiles, des droits différentiels, des surtaxes de pavillon? N'est-ce pas pour que tout ce que Dieu a prodigué devienne rare, pour que tout ce qui est à bon marché *naturellement,* devienne cher *artificiellement ?* — Oui ou non?

Eh bien! l'Exposition universelle nous menace, sous ce rapport, de plus d'une *invasion.* Voici venir aussi des suifs de l'Australie, de la composition la plus économique et la plus dramatique. Il y a telle région, dans ce pays, où les moutons sont en si grande abondance,

qu'on ne les tond qu'une seule fois, et puis on les pré-
cipite vivants dans des chaudières bouillantes qui les
transforment en suif, sans autre préparation. Que
dites-vous de cette fabrication effroyable? Le règne
animal est aussi riche et aussi fécond que le règne vé-
gétal. Tandis que nos paysans mangent ici quatre ou
cinq fois par an *un peu* de viande, et attendent philo-
sophiquement sous la République comme sous la mo-
narchie la *poule au pot*, promise depuis Henri IV,
tous les gouvernements frappent de droits énormes,
toujours dans l'intérêt du paysan, les matières alimentaires, les matières vestiaires, les matières oléagineuses
et les autres.

La vraie théorie est que si le bon Dieu avait mis
quelque part sur la terre le sucre à 2 centimes et la
viande à 2 sous la livre, il faudrait se hâter, pour
être un grand homme politique et pour avoir de l'influence à l'Assemblée nationale, de demander la prohibition de ce sucre calamiteux et de cette viande impossible.

A ce point de vue, certains produits qui figurent à
l'Exposition universelle me font frémir pour le repos
de nos hommes d'État. Je vois venir de ces contrées
vierges, de ces nouveaux mondes à peine ouverts, une
foule de matières premières sans pareilles, et qui né-
cessiteront plus d'une édition du fameux amendement
Darblay contre le sésame. Voilà les Kabyles à peine
vaincus, et déjà ces horribles coquins versent sur nos

marchés des torrents d'excellente huile d'olive, par
centaines de mille kilogrammes, — à bon marché,
grands dieux! Que sera-ce donc quand nous aurons
dompté la grande Kabylie! Voyez-vous d'ici les ouvriers de nos faubourgs réduits à assaisonner leurs
salades avec de l'huile d'olive, de préférence aux huiles
de graines qu'ils brûleront dans leurs quinquets! Nos
braves soldats de l'armée d'Afrique ont fait là une
belle campagne!

L'Exposition a révélé encore bien d'autres choses.
Elle a fait connaître l'infinie variété et la richesse de
production de toutes ces petites industries de la main
qui figurent par leurs mille détails dans les galeries
du Palais de Cristal : les épingles, les aiguilles, les
agrafes, ces utilités de tous les jours, ces outils de tant de
travailleurs. Qui croirait qu'une seule fabrique de plumes métalliques occupe jusqu'à cinq cents personnes
et emploie jusqu'à cent mille kilogrammes d'acier?
Quelle charmante histoire que celle de ces arts divers,
et que d'intelligence on y dépense pour ce maître in-
différent ou ingrat qu'on appelle le public? Qui en sait
un mot parmi nous? Quel père avisé fait apprendre à
son fils ce que c'est que de la cochenille, de la garance
ou du carthame? Quel est celui qui pense seulement,
en faisant sa barbe, aux ingrédients dont se compose
son savon? Quel est le citoyen, parfaitement ignorant de la manière dont on fait du sucre, qui ne se
croie capable aujourd'hui de devenir président de la
République?

La divine Providence n'avait donné jusqu'ici aux pauvres d'esprit que le royaume des cieux : il leur faut désormais le gouvernement de la terre. Mais le pouvoir n'oblige-t-il pas, aussi bien que la noblesse? Et peut-on laisser croupir dans l'ignorance industrielle les nouvelles générations qui vivent surtout de l'industrie, qui légifèrent pour elles et qui n'auront bientôt plus de grandes fêtes que les siennes?

Évidemment, l'Exposition universelle a mis à nu une des plaies de notre éducation. Elle a dû faire sentir cruellement à plus d'un homme distingué les lacunes de son instruction et l'insuffisance déplorable de ses connaissances. J'ai vu, pendant le double séjour que j'ai fait dans cette collection encyclopédique des industries humaines, tant d'hommes éminents humiliés de cette insuffisance, que je finirai cette lettre par un appel à la sollicitude publique.

A l'heure où j'ai l'honneur de vous écrire, monsieur, aucun encombrement ne se fait sentir, en Angleterre, dans les carrières libérales. Chaque homme apprend un état et se fait jour à force de zèle et de spécialité. On ne voit pas là, comme ici, des milliers de bacheliers, tribuns du peuple en disponibilité, harceler le gouvernement pour avoir des places, et l'attaquer quand il n'en donne pas. On voit encore moins des hommes politiques aussi complétement étrangers que les nôtres aux éléments de l'industrie et de l'économie politique. L'Exposition a eu pour tous les Anglais sa signification naturelle ; elle n'a été pour la plupart de nos compatriotes qu'un spectacle plus ou moins intéressant.

J'irai plus loin. Il est de mode aujourd'hui d'exalter les mérites de la classe ouvrière et de la flatter outre mesure ; mais c'est en étudiant les procédés des arts et le vrai rôle qu'y jouent les travailleurs, qu'on apprécie à sa juste valeur la part qui leur appartient dans ces œuvres admirables dont notre pays est si justement fier, de l'assentiment unanime du monde. Toute une classe d'hommes attend son avénement légitime de cette appréciation équitable.

Plus il y aura d'intelligences en état de la faire, plus nous affermirons la paix publique ; car le génie des ouvriers a été longtemps méconnu, confondu, enterré en quelque sorte dans les bagages du capital. Il aspire à se faire jour, à avoir sa place au soleil ; rien de plus juste, et les vrais amis de l'ordre doivent être les premiers à le reconnaître et à encourager cette tendance, en faisant ressortir le concours de l'ouvrier intelligent aux chefs-d'œuvre de la production. Sous ce rapport, l'Exposition universelle de Londres aura été plus révolutionnaire que la révolution.

La révolution n'a démontré chez l'ouvrier qu'une grande puissance de destruction ; l'Exposition a signalé, au contraire, sa puissance ingénieuse et infatigable de production. Honorez celle-ci pour paralyser l'autre !

LETTRE DIX-SEPTIÈME.

L'idée m'est venue bien souvent, au milieu des merveilles de l'Exposition universelle, de jeter un regard sur la condition et les habitudes des divers ouvriers qui en ont réellement fait les honneurs, et de rechercher s'il n'existerait pas quelques rapports mystérieux entre eux et leurs œuvres. A quoi tiennent ces rapports? Pourquoi chaque pays a-t-il un cachet d'originalité nationale, à ce point que des meubles, des armes, des dentelles, des tissus ne se ressemblent guère à Paris, à Londres, à Vienne et à Madrid? Pourquoi les ouvriers espagnols sont-ils si gais, si vifs et si sobres, et ceux de l'Angleterre si profondément sérieux, silencieux et voraces? La pétulance française n'est-elle pas pour quelque chose dans les hardiesses de bon goût de l'ouvrier français, et la froideur germanique dans le travail consciencieux, mais fourd de l'ouvrier allemand? Par quel prodige inexpliqué les ouvriers de l'Inde fabriquent-ils des châles plus beaux que ceux de Paris, et quelle est la source inconnue de cette école de dessinateurs qui semblent reculer chaque jour, en Orient, les limites de la fantaisie?

J'ai beaucoup regretté qu'on n'ait pas profité de l'Exposition pour y réunir en congrès, auprès de leurs œuvres, des ouvriers de toutes les nations. Ils auraient pu échanger entre eux, pour leur instruction commune, une foule d'idées pratiques et de procédés ingénieux dont l'industrie générale du monde aurait fini par hériter. A défaut de cette réunion cosmopolite, il ne sera pas sans intérêt d'esquisser le caractère spécial des principales familles ouvrières, dont les produits ont figuré à l'Exposition, et de jeter un coup d'œil rapide et impartial sur leur état présent. Ces grandes masses d'hommes ont acquis, depuis le commencement du siècle, une importance, et sur quelques points de l'Europe, une influence tellement considérable, qu'on ne saurait étudier de trop près tout ce qui se rattache à leur condition économique et sociale. Le régime aboli des corporations se maintient encore plus qu'on ne pense au travers des industries émancipées. Les traditions ont survécu aux lois, et les classes ouvrières vivent toujours entre elles, dans un monde à part, trop souvent fermé aux regards les plus intéressés à le connaître.

Cette différence caractéristique n'est en aucun lieu du monde plus profondément tracée qu'en Angleterre. L'ouvrier anglais est un être à part, ayant ses mœurs, ses habitudes, ses vices, ses vertus, sa fierté, ses méthodes de travailler, ses amusements. Sa gaieté et sa tristesse ne ressemblent à aucune autre. Les hommes des mines, les filateurs, les tisserands, les constructeurs, les chauffeurs, tous les ouvriers de la fabrique n'ont presque rien de commun avec les ouvriers de l'agriculture. Les travailleurs des manufactures finissent tous par s'identifier avec la régularité de leurs machines, sous l'influence, j'ai presque dit sous le despotisme de la division du travail. Ils sont tenus d'aller et de venir, en avant, en arrière, comme les machines même *qui les emploient :* la machine commande et ils obéissent. Leur tâche est réglée avec une précision mathématique et leurs bras font autant de mouvements que les roues d'engrenage font de tours. Il en résulte au bout de quelque temps une sorte de vie automatique, d'une monotonie effrayante, à laquelle l'ouvrier ne parvient à se soustraire dans ses moments de liberté que par des émotions fortes et grossières, par l'intempérance qui le mène à l'ivresse ; et cette ivresse même est d'une nature triste et sauvage comme les boissons qui l'ont produite.

Le régime des manufactures a ainsi profondément modifié le caractère de l'ouvrier anglais. Il vit moins en famille, et il appartient beaucoup plus à sa coterie qu'à ses enfants. Son existence a cessé d'être domestique. Il est enrôlé dès ses débuts dans une des mille sociétés qui couvrent le sol et qui prennent facilement, au besoin, les allures de la coalition [1]. Le forum de l'ouvrier, c'est le lieu de réunion de sa corporation, c'est le club dont il fait partie, l'association économique ou industrielle à laquelle il est affilié. On compte, en Angleterre, ces associations par milliers; elles forment de véritables tribus qui ont leurs règlements, leurs préjugés, leurs exigences, leurs superstitions même. Les filateurs et les imprimeurs de Manchester, les bonnetiers de Nottingham, les couteliers de Sheffield, les forgerons de Wolverhampton, les potiers de Burslem, les charbonniers de Newcastle, les rubaniers de Coventry, les ouvriers drapiers de Leeds, forment autant d'armées industrielles, obéissant à la voix de leurs chefs, suivant chacune sa bannière, et réellement distinguées par une sorte de physionomie propre et facilement reconnaissable.

Les femmes et les enfants de ces ouvriers suivent généralement la profession de leurs maris et de leurs pères. Ils s'y acclimatent ainsi les uns et les autres de très-bonne heure, du moins pour les industries qui comportent l'emploi des enfants et des femmes, et ils finissent par acquérir des défauts et des qua-

---

[1] Les coalitions prennent même parfois un caractère plus grave, témoins les associations de *Luddistes,* qui brisaient les machines.

lités physiques et morales vraiment caractéristiques. Leur costume ne varie jamais : une fileuse, un rattacheur, un charbonnier, un forgeron, sont toujours à peu près vêtus de la même manière, et leurs cheveux même, surtout chez les femmes, sont disposés selon leur profession, avec une régularité invariable. Leur esprit sans cesse tendu vers le même objet, finit par acquérir un don de seconde vue, qui leur fait souvent découvrir sans instruction des perfectionnements de détail importants. Il est rare néanmoins que leur pensée dépasse les régions de la manufacture et du bien-être matériel, et c'est un trait distinctif de leur caractère, que jamais aucun d'eux n'ait rêvé de fortune politique, ni que l'ambition ait pénétré dans son âme. Ils aiment le travail pour lui-même, et ils mettent beaucoup d'amour-propre à s'y livrer avec persévérance et conscience. Leurs allures tiennent généralement de celles des machines. Ils ont peu d'initiative, de goût et d'idées, et ils sont infiniment moins artistes que les nôtres.

L'ouvrier français est presque en tout l'opposé de l'Anglais. Sa dépendance, fière et hautaine, ressemble toujours à une concession, et il se croit attaché à un joug temporaire plutôt qu'à un atelier permanent. Son exactitude et sa fixité n'ont rien de la fatalité et de la résignation anglaises ; il semble toujours prêt à partir et à donner son congé plutôt qu'à le recevoir. Il est plus gai, plus vif, plus causeur, plus raisonneur; et depuis que la contagion de la politique a pénétré dans nos manufactures, il est devenu impérieux, ergoteur, *important*, et il s'occupe plus volontiers du gouvernement de l'État que de celui des métiers. Le métier, pour plus d'un, est devenu une affaire de circonstance et de nécessité; on s'en occupe parce qu'il faut bien vivre, et que jusqu'ici la politique n'a pas encore trouvé le secret de faire vivre des masses d'hommes sans travail; mais l'esprit est réellement ailleurs et en quête d'améliorations perpétuelles et indéfinissables.

Le véritable ouvrier français est l'ouvrier d'art, et il faut le dire, quels que soient ses défauts, c'est l'ouvrier parisien. Il y a d'excellents ouvriers en France, mais ils ne deviennent complets qu'à Paris. Nos tisseurs de drap, de fil et de coton ressemblent assez, à l'humeur près, aux ouvriers anglais de leurs catégories; mais l'ouvrier lyonnais, le dessinateur de Mulhouse, l'ouvrier fabricant de châles, celui qui fait les rubans de Saint-Etienne, ont toujours eu besoin de recevoir de Paris *l'influence secrète*, soit par le dessin, soit par l'idée ou la *commande expliquée*, pour arriver à la perfection. Paris est comme une grande école de goût qui donne le ton et la couleur. C'est là, en effet, que se forment dans d'innombrables écoles de dessin d'ornement, la plupart gratuites, ces légions d'ingrats si intelligents, si habiles, qui ont acquis leur talent dans des établissements entretenus par les gouvernements qu'ils prennent tant de plaisir à renverser tous les dix ou quinze ans.

Cherchez bien : vous trouverez dans les départements une foule de spécialités remarquables. On fait assurément d'excellents fusils à Châtellerault et à Saint-Étienne; mais c'est à Paris seulement qu'on fabrique de belles armes. On travaille très-économiquement et très-ingénieusement l'horlogerie dans la Franche-Comté, mais c'est à Paris qu'on repasse les montres et c'est là seulement, je ne parle que de la France, qu'elles méritent leur nom. La Picardie fait de bonnes serrures, sans doute, et qui ne sont pas chères; mais les grands serruriers, les maîtres de l'art sont tous à Paris. Toutes les inspirations partent de là. La chambre de commerce de cette ville fait imprimer en ce moment un livre qui sera bien curieux et qui expliquera clairement ce phénomène économique : c'est le tableau fidèle de toutes les professions exercées dans cette grande ville, rue par rue, et en quelque sorte homme par homme; le registre matricule de cette fourmilière ingénieuse, intrépide et capricieuse, qu'on appelle le peuple ouvrier de Paris.

C'est là qu'apparaîtra pour la première fois, complète, la nomenclature de ces vieilles industries dont les produits, connus sous le nom d'articles de Paris, se répandent dans le monde entier et ne connaissent point de rivaux. Nulle part on ne fait de tels meubles [1] ; nulle part on ne traite les objets de tabletterie, les bronzes, les papiers peints [2], la tapisserie, les articles de modes, les parapluies, l'ornement et la fabrication de ces mille petits riens qui représentent des millions, mieux qu'à Paris. Cette vaste encyclopédie industrielle comprend des rues entières de la capitale : les rues Saint-Denis et Saint-Martin, la rue du faubourg Saint-Antoine, la rue Grenétat, la rue Bourg-l'Abbé, les deux rues du Temple, où plus d'un génie inconnu produit à vil prix des chefs-d'œuvre, et donne quelquefois une grande valeur à des matières sans nom, à des allumettes chimiques, par exemple, qui absorbent, on a peine à le croire, de véritables chantiers de bois blanc.

Mais la plupart de ces industries sont presque entièrement domestiques ; elles s'exercent, comme le travail des modes, des dentelles, dans des ateliers circonscrits, où les ressources les plus habiles de la mécanique se concilient souvent avec l'indépendance de l'ouvrier, qui est employé à façon et qui fabrique des produits dont il a fourni ou reçu la matière première, selon l'importance de son petit capital. C'est ce mode de travail, commun à l'ouvrier parisien et à l'ouvrier lyonnais, qui leur donne à tous deux une physionomie particulière entre toutes les races d'ou-

[1] La commission royale d'Angleterre a accordé la grande médaille d'honneur à M. Fourdinois pour son magnifique buffet.
[2] Je n'excepte que ceux de M. Zuber, à Rixheim.

vriers français et étrangers. On n'exécute pas à Londres l'immense variété d'articles qui se font à Paris. La mécanique domine tout, et le travail individuel n'essaie pas de lui ravir cette partie de son domaine où se produisent toutes les merveilles de notre capitale, sous l'inspiration du goût qui distingue ses artistes. Sèvres, les Gobelins, la Savonnerie, sont les types de cette brillante école de décor, dont l'éclat a rejailli sur toute l'industrie française, à l'éternel honneur des monarchies qui en ont jeté ou consolidé les fondations.

Plus j'étudie les questions d'ouvriers employés aux manufactures, plus je demeure convaincu que la véritable vocation des nôtres est d'exceller dans les industries qui peuvent se passer de protection, et vivre de leur vie propre en s'inspirant du feu sacré des arts. Les Anglais comprennent si bien la supériorité française à cet égard, qu'ils font des efforts inouïs, depuis quelque temps, pour naturaliser parmi les bons ouvriers l'étude du dessin et le culte du beau, si nécessaires à l'utile. A défaut des leurs, ils nous empruntent les nôtres, reconnaissant ainsi implicitement que ni les progrès de la mécanique, ni le bas prix des transports, ni l'abondance des capitaux ne sauraient compenser l'absence du goût, qui est aussi une puissance créatrice de valeurs. Ouvrez la liste des récompenses, et vous verrez de quel poids a pesé dans la balance cette richesse toute française, qui n'a charmé les juges du concours qu'après avoir excité l'admiration du monde entier. Les œuvres des Lyonnais resteront peut-être le plus brillant souvenir de cette lutte mémorable.

Et qu'on ne nous dise point : Vous voulez donc borner votre ambition à couler des bronzes, à brosser des papiers peints, à tailler l'acier à facettes et à broder quelques étoffes ! La direction naturelle que nos industries ont prise répond suffisamment à ce reproche. La fabrication des toiles peintes est aujourd'hui une annexe de celle des calicots, des jaconas, des mousselines de laine. Nos dessinateurs et nos chimistes sont les propagateurs de nos étoffes blanches. Nos tapissiers font valoir nos tissus pour meubles par l'élégance de leurs dispositions. L'ouvrier anglais, fidèle aux traditions, marche comme le bœuf dans le sillon du passé ; il participe un peu du caractère des institutions de son pays, sérieuses et surannées, mais adaptées aux mœurs de l'Angleterre. Nos ouvriers portent dans leurs travaux cet esprit de progrès et de perfectionnement continu qui les distingue et qui déborde même au delà de ses justes limites.

Une troisième famille d'ouvriers a paru avec éclat sur ce grand théâtre de l'Exposition universelle, ce sont les ouvriers de la région allemande, dans laquelle se confondent tous ceux de la Prusse, de l'Autriche et des autres États germaniques. Ils sont moins connus et ils ont fait jusqu'ici moins de bruit que les Français et les Anglais, parce qu'ils sont moins agglomérés, moins compactes que ceux-ci. La fabrique allemande, sauf quelques villes ou vallées célèbres par leurs établissements industriels, est comme perdue et noyée dans le flot des populations rurales, qui sont l'élément dominant de cette partie de l'Europe. Mais les ouvriers allemands viennent de prouver de quoi ils sont capables, et le monde a vu avec admiration une foule de produits créés par eux et dignes de rivaliser avec ceux des nations les plus avancées. L'imprimerie impériale de Vienne a obtenu la grande médaille d'honneur de première classe, tandis que celle de Paris n'a obtenu que la seconde. Les fondeurs prussiens se sont couverts d'une gloire immortelle. La vallée de Chemnitz, en Saxe, a exposé une masse d'articles capables de lutter, pour le bas prix et la bonne exécution, avec la France et l'Angleterre elle-même. Les ébénistes autrichiens m'ont paru devoir être, pour les ébénistes du faubourg Saint-Antoine, de plus redoutables rivaux que ceux d'aucun pays du monde.

Jusqu'ici pourtant, ces habiles gens n'ont été que des imitateurs en toute chose. L'ouvrier allemand invente peu, mais il copie à merveille, non pas servilement, mais en donnant à ses œuvres un cachet particulier de naïveté. Ils sont moins mécaniciens que les Anglais et moins artistes que les Français; mais ils inclinent de préférence vers les habitudes françaises, à l'élégance près qui leur manque, et qu'ils remplacent quelquefois très-heureusement par le naturel et la simplicité, quand ils ne tombent pas dans la manière. Leurs habitudes sont généralement assez sobres. Les Anglais mangent; les Allemands fument avec intempérance, le jour, la nuit, j'ai presque dit à table, au lit : c'est effrayant; et si cette habitude persiste à se développer, l'Allemagne deviendra inhabitable. Une de mes terreurs, c'est de voir ce goût ruineux pénétrer dans nos ateliers, où il atteint et abrutit les enfants, et cause parmi eux des ravages plus sérieux qu'on ne pense. L'ouvrier allemand vit beaucoup plus en famille que les autres ouvriers de l'Europe; et quoique l'esprit absurde de communisme infecte en ce moment le monde germanique au delà de toute expression, les vieilles qualités fondamentales qui le distinguent lutteront longtemps encore contre les tendances de ce mauvais esprit qui est entré en Allemagne, il faut le dire, par les étudiants et par les universités.

L'ouvrier allemand est patient et rêveur. Il y a chez lui beaucoup plus de sensibilité que chez l'ouvrier anglais, beaucoup moins d'élégance que chez l'ouvrier français. Il aime à *mettre du sentiment* dans ses œuvres, et je pourrais citer des formes de cristaux de Bohême, des joujoux de Nuremberg, des porcelaines de Saxe, des toiles peintes mêmes, des horloges qui témoignent hautement de ces dispositions, qu'on pourrait appeler pastorales, si elles ne jetaient pas quelquefois ces ouvriers dans le trivial et le vulgaire.

18.

Au demeurant, c'est une race d'hommes aujourd'hui très-avancée. Ils ont profité peu à peu des découvertes et des procédés de la France et de l'Angleterre, et après avoir longtemps fait des draps communs en Silésie, ils en fabriquent maintenant de très-fins à Aix-la-Chapelle. Leur magnifique développement de chemins de fer les a conduits à monter leur outillage sur une échelle immense, et ils sont devenus de grands constructeurs, sans bruit, sans prétention, selon l'accroissement de leurs besoins, comme d'honnêtes bourgeois qui augmentent leur état de maison en raison des circonstances et des nécessités de la vie. L'abaissement des barrières entre États allemands, à la suite de l'établissement du *Zollverein,* n'a pas peu contribué, non plus, à donner à l'industrie allemande une impulsion qui n'a cessé de s'accroître sous l'influence des habitudes d'ordre et d'économie de ses populations manufacturières, et à l'aide des nombreux moteurs hydrauliques répandus sur toute la surface du pays. L'Allemagne ne s'arrêtera point en une aussi belle voie, et malgré les efforts qui ont été faits pour l'entraîner dans l'ornière des prohibitions, elle complétera son affranchissement intérieur par la conquête prochaine de la liberté du commerce [1].

[1] L'un des hommes qui ont le plus contribué dans ces derniers temps à arrêter ce mouvement est l'économiste allemand Frédéric List, qui, après avoir puissamment coopéré à la formation du *Zollverein,* s'est fait depuis, par une inconséquence

L'ouvrier espagnol ne mérite pas le quatrième rang dans la grande famille ouvrière de l'Europe, si l'on ne considère que l'importance actuelle des produits qu'il a envoyés à l'Exposition ; la Belgique et la Suisse auraient droit de passer avant lui. Mais la Belgique et la Suisse gravitent dans l'orbite de la France et de l'Allemagne, et leurs ouvriers, presque également distribués entre l'agriculture et la fabrication, n'ont pas un caractère aussi original que ceux de l'Espagne. Les ouvriers espagnols sont beaucoup plus qu'on ne pense des hommes d'élite, remarquables par la vigueur autant que par la souplesse, et presque tous d'une sobriété proverbiale. J'ai été surpris, en parcourant les usines de la Catalogne, de la frugalité de leurs habitudes, de leur vivacité, de leur admirable aptitude au

étrange, le champion le plus intraitable du système restrictif en publiant, sous le titre de *Système national d'Économie politique*, un volumineux pamphlet d'une violence extrême, et tout à fait digne des énormités que publient chaque jour en France les défenseurs de certains intérêts manufacturiers privilégiés, qui s'appellent modestement le *Travail national*. Après avoir ainsi promené ses palinodies de livre en livre et de contrée en contrée, List a fini par proposer à l'Angleterre une alliance commerciale avec l'Allemagne, et par se brûler la cervelle sur un grand chemin. C'était un homme d'une imagination ardente, faisant de l'économie politique au jour le jour, comme de la politique ou de la littérature, au gré de ses passions et peut-être de ses besoins. Il avait une haine maladive contre la France et contre les écrivains français, et il n'admirait en France que le blocus continental.

travail. Leur intelligence et leur activité sont bien faites pour surprendre ceux qui jugent de l'Espagne sur la réputation d'indolence et de mollesse de ses habitants. Les Galiciens, les Basques, les Asturiens sont d'excellents ouvriers ; ceux de l'Andalousie ne valent pas moins, et j'ai trouvé dans la province de Valence, renommée à tort pour son apathie, des ouvriers d'une énergie extrême et aussi ingénieux que ceux de nos fabriques de soieries de Lyon et d'Avignon.

La contagion sociale n'a pas encore pénétré parmi ces populations vigoureuses et poétiques. Elles sont très-arriérées pour l'instruction, sans doute, et ne possèdent pas toutes les ressources de la mécanique comme les ouvriers anglais ; elles n'ont pas non plus la persévérance infatigable et sévère qui les distingue : mais elles sont éminemment propres aux travaux de l'industrie, et le feu sacré des vieux arts qui ont brillé en Espagne est tout prêt à se rallumer parmi elles. Les deux dernières Expositions de Madrid, quoique fort incomplètes, ont suffi pour légitimer à cet égard toutes les espérances. L'ouvrier espagnol est en voie de progrès, depuis la chute du régime qui faisait prospérer dans son pays la paresse et l'insouciance ; aussitôt que la plupart des couvents ont été transformés en usines, d'autres mœurs ont prévalu, et je sais de robustes moines qui sont devenus d'excellents filateurs.

L'industrie espagnole ne peut manquer de renaître

dans les conditions compatibles avec la viabilité du pays, grâce aux facilités particulières que l'ouvrier est assuré de trouver dans la douceur du climat, l'abondance des matières premières et surtout la richesse de l'élément minéralogique. L'Espagne n'aura pas à redouter de longtemps l'invasion des doctrines qui ont perverti le sens des autres populations ouvrières de l'Europe. « L'ouvrier de ce pays, selon » l'expression de M. Ramon de la Sagra, *ne sait pas* » *encore maudire la main qui le paye;* il accepte » le travail comme un devoir, jamais comme une » chaîne; il obéit par conviction et par habitude, et » il conserve sa fierté et sa probité dans la fortune la » plus humble. » Je voudrais pouvoir en dire autant des Italiens; mais il n'y a plus d'Italie en ce moment. L'Italie ne se possède plus et ne se connaît plus elle-même; et sans la vigueur du Piémont que ses récents revers n'ont pu abattre et qui porte dans son sein les destinées de la Péninsule, il faudrait rechercher dans le passé plutôt qu'entrevoir dans l'avenir la gloire et la prospérité des ouvriers italiens, *servi ognor frementi.* La politique les a perdus, l'industrie les relèvera.

Qui nous révélera un jour les mystères du monde ouvrier indien? qui fera pénétrer la lumière dans ces ateliers de l'Orient, où la main de l'homme s'agite incessamment pour une rétribution modique et précaire, inférieure au salaire, déjà si misérable parmi nous, de l'ouvrier des manufactures? Ainsi, aux deux extrémités de l'échelle, le fuseau et le banc à broches donnent les mêmes résultats économiques pour le sort du travailleur. En France et en Angleterre, en Allemagne et en Espagne, en Suisse, en Belgique, il y a des générations entières qui gagnent à peine de quoi vivre sous le régime qui les protége. Cette protection n'est-elle pas une illusion? n'est-ce pas l'ouvrier qui souffre de la concurrence intérieure, et le titulaire de l'industrie qui profite de la restriction extérieure? La même cause qui épuise l'un, n'enrichit-elle pas l'autre; et ne pourrait-on pas se demander : Qui trompe-t-on ici? — Réponse : On trompe tout le monde; sera-ce pour longtemps?

LETTRE DIX-HUITIÈME.

J'attache peu d'importance aux festins publics ou privés ; mais quand ces festins ont un caractère marqué de bienveillance et de cordialité entre deux grandes nations, il n'est pas permis de les passer sous silence. Je vous dirai donc quelques mots des politesses que les Anglais nous ont faites à Londres, et de celles que nous leur avons rendues à Paris. C'est la première fois peut-être que deux peuples *se sont traités* officiellement d'une manière aussi splendide et aussi gracieuse, et la tradition de ce souvenir est bonne à conserver. Les *réceptions* de l'Exposition font partie, de droit, de son histoire, et méritent au moins une mention honorable. Écoutez donc.

Les Anglais, il faut leur rendre justice, ont pris l'initiative ; ils étaient chez eux, et ils ont noblement fait les choses. Dès les premiers jours de l'Exposition, et sans parler de la politesse de la reine, qui est venue inaugurer l'événement en personne, et accompagnée de la plus brillante assistance, ils avaient ouvert leurs salons aux commissaires et aux exposants de toutes les nations. Lords et membres de la chambre des communes, ingénieurs, banquiers, corporations, tout le monde a voulu faire les honneurs de l'Angleterre aux hôtes de l'Exposition, et il y a eu un moment où les invitations nous pleuvaient avec une telle abondance, que nous ne pouvions suffire à les accepter toutes. Je ne saurais résister au plaisir d'en citer quelques-unes, ne fût-ce que par reconnaissance : celle de mon excellent ami Brunel, par exemple, le fils du cé-lèbre ingénieur, constructeur du *Tunnel* de la Tamise, habile ingénieur lui-même; celle de la société des Économistes anglais et du vénérable M. Tooke leur doyen, et enfin le mémorable dîner de la corporation des *Fish Mongers*. J'en passe et des meilleurs; mais ceux-ci ont droit à nos préférences, en raison de leur caractère élevé de distinction et d'originalité.

Le premier qui nous ait été offert est celui de la société des Économistes. Ils y étaient presque tous, sauf M. Senior et M. Steuart Mill, absents pour cause de maladie. Là se trouvaient les plus habiles propagateurs de la liberté commerciale qui vient de triompher en Angleterre, et les hommes qui ont partout et toujours défendu la grande cause des libertés publiques. Pas un d'entre eux n'a failli dans le cours de sa longue carrière; nous avons été saisis d'un profond respect à la vue de ce vétéran de la grande cause, l'honorable Th. Tooke, qui conserve à quatre-vingts ans toute la force et toute la sérénité de son esprit, et qui a discuté les plus hautes questions d'économie politique avec une élégance d'élocution et une fermeté de vues vraiment rares à son âge. La réunion avait fait imprimer à l'avance et distribuer aux convives le programme des questions qui seraient traitées dans la soirée, et on avait choisi pour texte de discussion la *théorie de la rente* de Ricardo. Chez nous, outre la difficulté de trouver vingt personnes assez instruites pour comprendre un tel sujet, il aurait suffi de le mettre à l'ordre du jour d'un repas, pour faire déguerpir tous les invités. A Londres, pas un n'a déserté son poste, et je n'ai jamais vu approfondir un sujet plus abstrait avec plus de clarté, de finesse et d'esprit. Telles sont les mœurs de cette nation, si différentes des nôtres.

Le repas offert par M. Brunel était surtout remarquable par la réunion des plus grands ingénieurs de l'Angleterre, presque tous parlant notre langue, et empressés de nous mettre au courant de leurs admirables travaux. Brunel, fils d'un Français, que l'Angleterre nous a ravi, a conservé quelque chose des habitudes de la France, où il a passé une partie de sa jeunesse, et d'où il a rapporté la vivacité et l'aménité qui le distinguent. Il était là, à la tête de cette vaillante troupe d'ingénieurs, pour qui la nature n'a plus d'obstacles invincibles, qui jettent les ponts *sous* les rivières, comme son père, ou les chemins de fer dans les airs, comme le constructeur du pont tubulaire de Menai, et qui font passer les vaisseaux à la voile sous leurs arcades gigantesques. A voir le calme et l'air obligeant de tous ces hommes, on aurait difficilement deviné la vie de labeur et de fatigue qu'ils mènent tous les jours. La plupart d'entre eux faisaient partie de la commission royale de l'Exposition, et nous leur devons les plus curieuses et les plus intéressantes informations : qu'ils en reçoivent ici nos sincères remercîments.

Mais de toutes les fêtes officielles auxquelles j'ai assisté, il n'y en a pas eu de plus nouvelle pour nous et de plus caractéristique des mœurs de la Grande-Bretagne, que le banquet offert par la corporation des *Fishmongers,* ou marchands de poisson de la ville de Londres. Cette corporation, à laquelle sont affiliés les personnages les plus considérables de l'Angleterre, possède des revenus immenses, et elle occupe un hôtel magnifique situé sur le bord de la Tamise, à l'entrée même du nouveau pont de Londres, dont la vue est admirable de ce point. Près de trois cents convives, parmi lesquels figuraient lord Palmerston, lord Granville et les principaux ministres de la reine, avaient été invités à ce banquet le plus splendide de tous, et qui empruntait à la circonstance un intérêt particulier.

Tout y avait été réglé d'avance avec l'exactitude et l'étiquette anglaises. Un plan imprimé de la salle du banquet, avec les noms de tous les convives, permettait à chacun d'eux de connaître sa place et de s'y rendre avec ordre, à la suite d'un appel nominal fait à haute voix par un huissier, dans le but de signaler les invités à l'attention les uns des autres. Chacun d'eux avait auprès de lui, sur une feuille d'or, festonnée en dentelle, aux armes de la corporation, le menu du repas, hélas ! faut-il le dire, somptueux s'il en fut, mais de ceux qu'un Français même affamé ne saurait apprécier que des yeux.

Les Anglais avaient voulu sans doute nous donner ce jour-là un spécimen des produits de leur industrie culinaire, et le dîner, à ce titre, tombe de droit sous l'examen de notre critique, qui n'exclut pas la reconnaissance. Historien fidèle, j'écris avec ma feuille d'or sous les yeux, mais sous l'impression cruelle de ce souvenir, qui sera peut-être plus agréable à quelques-uns de mes collègues. Quel dîner, grand Dieu ! — Un dîner de vingt-cinq mille francs où je n'ai pu trouver de quoi satisfaire mon appétit aiguisé par une longue attente ! Une soupe à la tortue, c'est-à-dire de la chair d'escargot noyée dans une espèce de sauce épicée jusqu'à produire des phlyctènes ; du filet de chevreuil à la confiture de groseilles ; d'excellents poissons rendus *immangeables* à force de préparations quintessenciées ; du pudding à la Nesselrode (je copie textuellement, politique à part) ; du fricandeau de tortue, toujours des tortues! des mayonnaises indicibles, le bizarre et l'absurde, le sucre et le piment, des olives pour dessert auprès des raisins ; que sais-je ! O Berchoux ! ce menu-là manquait à la *Gastronomie !* Si mon collègue Wolowski ne m'eût fait passer la moitié d'un ananas pour apaiser ma faim et ma soif, je serais sorti à jeun de ce repas de Lucullus, qui coûtait mille livres sterling à l'une des plus riches corporations de la cité.

Heureusement, l'honorable sir John Easthope, baronnet, *prime warden* ou président de la réunion, avait eu l'idée de nous placer à côté des hommes les plus remarquables, et d'organiser dans les tribunes une troupe d'artistes des théâtres lyriques, qui n'ont cessé d'exécuter des chœurs religieux dans l'intervalle des conversations. Puis est venue l'heure suprême des toasts et des discours, précédés de la grande rasade fraternelle dont il est bon de dire un mot, comme d'un usage respectable et digne d'attention. Vers la fin du repas, un maître d'hôtel a apporté au président une espèce de calice immense en vermeil, orné de pierres précieuses et contenant un breuvage aromatique, du vin de Porto à la cannelle, m'a-t-on dit, destiné à nous abreuver tous *à la ronde.* Le président s'est levé, il a bu avec respect·et componction, et saluant profondément lord Palmerston, qui ne lui a pas rendu moins sérieusement son salut, il lui a remis le calice. Celui-ci en a approché ses lèvres, a salué son voisin,

Prime Warden.

SIR JOHN EASTHOPE, BART.

Wardens.

JAMES WESTON, Esq. 2nd.
HENRY WILSON, Esq. 3rd.
SAMUEL SMITH, Esq. 4th.
ROBERT GRAHAM, Esq. 5th.
WILLIAM ABBOTT KENT, Esq. 6th.

WILLIAM BECKWITH TOWSE, Esq., CLERK.

Fishmongers' Hall.

Wednesday, May 28th, 1851.

FIRST COURSE.

TURTLE.   AND   ICED PUNCH.

SALMON.   TURBOTS.   FRIED FISH.   ETC. ETC.

MAQUEREAUX A LA MAÎTRE D'HÔTEL.   SAUMON SAUCE MATELOTE.

FILETS DE SOLES.   ANGUILLES AUX TOMATES.   WHITE BAIT.

SECOND COURSE.

CHICKENS.   CAPONS, MUSHROOM SAUCE.   HAMS.   TONGUES AND SPINACH.

WARDEN PIES.   FRENCH PIES,   PIGEON PIES.   RIS DE VEAU A LA ST. CLOUD.

COTELETTES D'AGNEAUX.   FRICANDEAUX DE TORTUE.   BOUDIN DE HOMARDS.

CHARTREUSE DE PIGEON.   FILETS POULARDES AUX CHAMPIGNONS.

REMOVES, — HAUNCHES VENISON.

THIRD COURSE.

QUAILS.   DUCKLINGS.   TURKEY POULTS.   PEA FOWLS LARDED.   GOSLINGS.

JELLIES.   ORANGE JELLIES.   STRAWBERRY CREAMS.

CHARLOTTE A LA RUSSE.   TARTS.   MARROW PUDDINGS.   TRIFLES.

VOL AU VENT PEACHES.   VOL AU VENT APPLES.   GOOSEBERRY TARTLETS.

CHERRY TARTLETS.   MAYONACE LOBSTER.   PRAWNS.   PLOVERS' EGGS.

REMOVES, — NESSELRODE PUDDINGS.

DESSERT.

PINES.   HOT HOUSE GRAPES.   STRAWBERRIES   ORANGES.

APPLES.   ALMONDS AND RAISINS.   ORNAMENTED CAKES.   GINGER.

BRANDY CHERRIES.   CAKES.   OLIVES.

STRAWBERRY.   PINE.   ICES.   ORANGE.   MILLEFRUITS.

qui l'a salué aussi, et le vase religieux a ainsi fait le tour de la table, chaque convive se levant, buvant et saluant exactement comme dans la cérémonie du *Malade imaginaire*. Malgré la gravité du lieu, j'étouffais de rire quand mon tour est venu, et l'un de mes voisins m'ayant proposé de porter un toast à quelque petite réforme : « Je bois volontiers, lui ai-je dit à voix basse, » *à la réforme de votre cuisine !* » Le mot a fait fortune, quoiqu'il ne fût pas très-poli ; mais je mourais de faim.

Après cette libation officielle, les discours ont commencé. Il y en a eu de longs et de courts, tous marqués au coin de la fraternité des nations et généralement remarquables par la dignité du langage. M. le baron Dupin, président du jury français, en a prononcé un très-convenable en anglais, mais dont l'accent excentrique aurait suffi pour dérider une assemblée de cardinaux. Personne n'a ri, pas même M. Dupin, et il a été applaudi avec courtoisie par l'assemblée tout entière. Minuit sonnait que l'on pérorait encore, et j'ai quitté la place au huitième discours. Il n'y a que des tempéraments anglais qui puissent résister à de pareils dîners et à d'aussi formidables harangues. Tel est le banquet des *fishmongers,* qui a eu du retentissement à Londres, et qui ne nous a pas donné de la cuisine anglaise une aussi haute idée que de ses autres industries.

On dîne donc mieux à Paris et dans la dernière

sous-préfecture de France que dans ces réunions offi-cielles de Londres, où manquent évidemment le génie de l'art culinaire et quelquefois les notions les plus élémentaires de cet art. Mais, par compensation, nous avons peu de réunions à comparer à quelques-unes de celles qui sont si communes en Angleterre, dans la so-ciété aristocratique de ce pays. Rien de plus digne, de plus simple et de plus élégant que les soirées données par lord Granville à l'occasion de l'Exposition. Les plus grands noms se pressaient dans ses salons, et les plus belles personnes ne dédaignaient pas de s'asseoir dans les fauteuils sévères qui meublent sa bibliothèque, inexprimable assemblage, ce jour-là, de livres et de fleurs, de gracieux visages et de mâles figures de na-vigateurs, d'artistes et de militaires. C'est là que j'ai vu pour la première fois le vieux duc de Wellington, dont la physionomie douce, grave et bienveillante m'a vivement impressionné, et qui exerce encore, malgré son grand âge, un si vif ascendant sur les conseils de son pays. Tous les partis l'honorent et nous donnent un exemple trop rarement suivi en France, où les plus grandes renommées semblent contestées ou déclassées quand elles ne veulent pas se mettre au service d'un parti.

Le retentissement de toutes ces réunions étant venu jusqu'à Paris, les magistrats municipaux de cette ca-pitale ont eu l'heureuse idée de rendre à ceux de la ville de Londres l'hospitalité reçue par nos compatriotes, et ils l'ont fait d'une manière vraiment digne de notre pays, quoiqu'il y ait eu un peu trop de *petite guerre* pour une fête aussi pacifique. Peut-être a-t-on cru être agréable au lord maire et à MM. les aldermen, en leur faisant voir plus de soldats qu'ils n'ont coutume d'en rencontrer chez eux, et les honorer en leur servant une rareté ; mais la véritable fête a été la réception à Saint-Cloud par une belle journée d'automne, et surtout le grand dîner municipal de l'Hôtel-de-Ville, dont M. le préfet de la Seine a dignement fait les honneurs. Ce dîner n'a eu aucun des caractères de ceux qui nous ont été donnés à Londres ; il a été, nous pouvons le dire sans orgueil national, infiniment plus beau, plus gai, plus amusant. La municipalité était d'une humeur charmante ce jour-là ; l'Assemblée nationale venait de lui voter cinquante millions pour finir la rue de Rivoli et relier l'Hôtel-de-Ville au Louvre.

La France ne fait pas les choses à demi. Un train spécial de grande vitesse avait amené les convives aux frais de la ville ; le préfet avait été les recevoir à l'embarcadère du chemin de fer du Nord, et madame Berger avait cédé ses appartements au lord maire. La population de Paris a accueilli les voyageurs britanniques avec une sympathie visible, et leur course rapide, du rivage à la barrière, n'a été pour eux qu'une suite d'enchantements. Aussi étaient-ils ravis et presque étonnés de cette réception cordiale et animée, si différente de leurs allures un peu froides et réservées. Ils admiraient les magnifiques salons de l'Hôtel-de-Ville, et ne pouvaient se figurer qu'un peuple insurgé les eût occupés si longtemps sans les mettre au pillage : les braves gens n'avaient pas vu le Palais-Royal et Neuilly, hélas! ni ces monceaux de décombres, qui seront pour la tourbe de Février une honte éternelle! Nous nous empressions de reconnaître et de guider dans ce brillant labyrinthe tous ceux qui nous avaient fêtés à Londres; on se serrait les mains de tous côtés comme de vieux amis.

Le nombre des convives était d'un peu plus de cinq cents, et j'avais de graves inquiétudes en voyant ce grand nombre d'invités. Les dîners patriotiques ont une si mauvaise réputation en France, que je craignais pour celui-ci, sinon quelque chose de pareil à une seconde édition du festin de Balthazar, aux *Fishmongers*, du moins une véritable échauffourée gastronomique, capable de déshonorer la ville de Paris. A l'aspect de cette salle enchantée, je me suis bientôt senti rassuré, et peu s'en est fallu que les Anglais n'aient fait entendre, en y entrant, le *hourra* national d'admiration, dont ils ont salué la fin de ce banquet colossal. C'était vraiment une œuvre d'art. La disposition grandiose et simple de la table, la splendeur de l'éclairage, la belle ordonnance du service, sa promptitude ont enlevé tous les suffrages. Si l'on pouvait toujours faire voter dix millions d'électeurs après de tels dîners, on serait sûr d'être élu à perpétuité. Le préfet de la Seine était rayonnant, et le lord maire dévorant. *Mansion-House* était décidément éclipsé ; notre revanche était prise. Jamais dîner plus exquis ne fut donné à aucun souverain.

Je dois dire que si ce jour-là nous avons battu les Anglais pour le dîner, ils nous ont battus pour les discours. Celui que lord Granville a improvisé en langue française et prononcé avec une vivacité et un accent tout à fait parisiens, était d'une portée sérieuse et digne de la tribune. Il a été couvert des plus énergiques applaudissements. Lord Granville venait de rappeler, avec un tact heureux, que son père avait été longtemps ambassadeur à la cour de France, et que lui-même était presque un enfant de Paris ; il aurait pu dire en ce moment un enfant gâté, car il était le vrai héros de la soirée, le lion du jour, pour parler comme ses compatriotes. Il avait défini en termes d'un rare bonheur le véritable caractère de cette fête internationale qui avait été méconnu par nos orateurs, le préfet de la Seine ayant beaucoup plus soigné son dîner que son discours. Mais le dîner lui fait honneur, et je suis persuadé que s'il avait pu concourir à l'Exposition universelle, le cuisinier de l'Hôtel-de-Ville aurait obtenu la médaille de première classe. Le soir, il y eut grand bal, et nos hôtes ont pu admirer à leur aise ce qu'ils voient rarement chez eux, d'innombrables essaims de belles Françaises, sans lesquelles il n'est point de fête complète, et qui riaient quelque peu de voir à ce brillant rendez-vous plus d'un Anglais en pantalon de couleur. Ces infortunés avaient eu affaire à la douane, qui avait retenu leurs bagages à Calais, le matin même, pour l'honneur des principes, parce qu'ils étaient arrivés trop tard pour subir la visite avant de partir. Ainsi, les peuples ont beau se rapprocher, se rechercher, se donner des fêtes, l'éternelle barrière des préjugés ou du fisc s'élève devant eux pour troubler ces fêtes, comme si tant de généreuses aspirations n'étaient qu'un rêve, après lequel apparaît toujours l'inflexible réalité.

RAPPORT

SUR

L'EXPOSITION UNIVERSELLE

LU A L'ACADÉMIE

DES SCIENCES MORALES ET POLITIQUES

DE L'INSTITUT [1].

PREMIÈRE PARTIE.

Messieurs, mon savant confrère et ami, M. Michel Chevalier, vous a présenté des considérations géné-

[1] Le rapport que j'ai lu à l'Académie des sciences morales et politiques de l'Institut sur l'Exposition universelle, et que je donne ici, ne doit, en aucune manière, être considéré comme l'expression de l'opinion de ce corps savant. Ce rapport est un simple compte rendu tout à fait personnel de mes impressions, à la suite de la mission qui m'a été confiée, et que j'ai partagée avec mon excellent confrère et ami M. le professeur Michel Chevalier. Nous sommes restés libres l'un et l'autre, et nous n'entendons point engager ici la responsabilité d'un corps qui n'a pu apprécier sur place, comme nous-mêmes, les faits soumis à nos observations.

rales et spéciales sur l'Exposition universelle de Londres. Il m'a laissé la tâche de vous rendre compte des détails particuliers à chacune des nations appelées au concours, de préciser le caractère industriel qui les distingue, et de faire ressortir les conséquences pratiques de ce grand événement. Jamais plus belle occasion ne s'est offerte à des économistes pour l'étude des phénomènes de la production et de la distribution de la richesse dans le monde : le monde entier était, en effet, convoqué à ce grand rendez-vous de tous les produits naturels et artificiels du globe, et il a répondu fidèlement à l'appel.

Nous avons donc à soumettre à vos méditations les faits les plus saillants de cette exposition sans pareille, car elle ne s'était jamais vue jusqu'à ce jour; et malgré l'immense retentissement et le succès éclatant qu'elle a obtenus, il est probable qu'elle ne se reproduira pas de longtemps. L'idée, venue de France, et étouffée à sa naissance, selon l'usage, par l'esprit de restriction qui règne encore dans notre pays, et qui paraît si peu conciliable avec le rôle brillant que les manufactures françaises ont joué à Londres, l'idée a porté ses fruits; mais il leur faudra du temps pour mûrir, avant qu'on ne recommence l'épreuve. La prochaine expérience se fera décisive, soyez-en sûrs, sous le régime de la liberté universelle, comme celle-ci s'est faite, déjà très-significative, sous le régime de la protection.

Vous en savez l'histoire : il ne s'agit plus que de

vous en exposer les résultats. L'esprit libéral avec lequel elle a été conduite s'est manifesté dès l'origine, et répond de tout point au caractère des auteurs de la grande réforme économique opérée en Angleterre, par la persévérance de M. Cobden et par le génie de sir Robert Peel. Heureux pays, où le gouvernement lui-même se met à la tête des réformes et ne laisse ni à la routine des vieux partis, ni à la témérité des nouveaux, ni surtout à l'influence des intérêts privés, la moindre chance de prévaloir sur les intérêts généraux! L'Exposition universelle a eu pour but avoué de favoriser la libre circulation des matières premières et des produits manufacturés dans le monde, et ce but, elle l'atteindra bien plus tôt qu'on ne pense.

Le moyen le plus efficace d'y parvenir était assurément de réunir de tous les points du globe sur un même point les matériaux et les œuvres de l'atelier humain tout entier, et d'établir une comparaison sérieuse entre eux, par une exposition universelle et synoptique. On verrait enfin une fois pour toutes ces produits mystérieux que la législation dérobait à tous les regards. On pourrait les étudier de près, savoir ce qu'ils coûtent, calculer les profits que leur emploi doit procurer à l'industrie émancipée, et provoquer leur admission si longtemps repoussée sous les noms d'*invasion* et d'*inondation*, comme si l'abondance et le bon marché étaient des fléaux publics plus redoutables que la disette et la cherté.

Ce serait une étude curieuse que celle des obstacles partout suscités, même en Angleterre, à l'Exposition universelle des produits du genre humain. Ici, on affectait de soutenir que l'industrie française ferait un métier de dupe en étalant ses produits aux yeux de rivaux jaloux qui lui déroberaient ses secrets; là-bas, on manifestait des craintes non moins exagérées sur la supériorité du goût français, qui ne pouvait manquer de séduire les acheteurs et d'accaparer toutes les clientèles. Enfin, et pour que rien ne manquât aux difficultés de l'entreprise, il n'est pas jusqu'à de nobles pairs qui n'aient apporté leur tribut d'opposition dans le parlement, sous prétexte qu'on allait leur gâter la grande allée du parc, désormais célèbre, où s'élèvent les galeries de l'Exposition. Il est toujours bon de rappeler ces misères après l'événement, afin que du moins leur souvenir en prévienne le retour, et donne quelques regrets à ceux qui en furent les auteurs.

L'Académie sait avec quelle exactitude l'Exposition a été ouverte à jour fixe, malgré les difficultés inséparables d'une telle exécution. Cette ouverture même ou plutôt cette inauguration solennelle a eu un caractère de grandeur et d'originalité remarquable : tous les grands pouvoirs de l'Angleterre y ont assisté, à la suite de la reine, accompagnée des commissaires de toutes les nations et précédée du modeste jardinier auquel on doit la construction de l'édifice destiné à contenir tant de merveilles. La religion et les arts ont fait les honneurs de la fête, simple et sévère, offerte aux travailleurs des deux mondes, et l'impression générale en a été douce et profonde.

L'ordonnance intérieure de l'Exposition et la distribution des produits laissent peu de chose à désirer. Le plus curieux de tous est évidemment l'édifice même, en réalité composé de trois ou quatre pièces capitales répétées plusieurs milliers de fois, et dans lequel la lumière pénètre à flots, au travers d'une enveloppe vitrée qui lui a fait donner le nom de *Palais de Cristal*. La nation anglaise s'est réservé la moitié de l'espace contenu dans ce magnifique vaisseau diaphane à deux ponts; l'autre moitié a été distribuée entre toutes les nations, en proportion de leur part contributive probable, et elles sont ainsi fraternellement assises les unes auprès des autres, de manière qu'on peut les visiter toutes sans fatigue et presque sans interruption, à l'aide de catalogues polyglottes d'un prix modéré.

Il ne manquait à ces catalogues qu'une chose importante, c'est le prix des produits exposés, qui nous eût été d'un grand secours pour répondre aux désirs de l'Académie; mais dans cette circonstance comme dans beaucoup d'autres, l'esprit mercantile l'a emporté, et ce n'est qu'après de vifs débats que ce dernier voile de l'égoïsme et de la routine industrielle a été maintenu. Nous ne pouvons pas dissimuler qu'il en résultera une lacune dans le grand enseignement qui devait ressortir de l'Exposition universelle, et si nous

en jugeons par les efforts qu'il nous a fallu faire pour
y suppléer, cette lacune sera vivement sentie par les
juges du concours eux-mêmes : mais les résistances
qu'ils ont rencontrées leur ont paru invincibles. Nous
croyons qu'elles pouvaient être vaincues et qu'en se
privant de ce précieux élément de comparaison, le
jury a rendu sa tâche infiniment plus difficile, en
même temps qu'il a privé la science d'un de ses plus
puissants moyens d'appréciation.

La publicité du prix est *souvent* le stimulant de
l'acheteur ; mais elle est *toujours* le plus sûr élément
d'information, même pour les hommes dépourvus de
connaissances spéciales. Ainsi, par exemple, le bas
prix d'un article peut prouver qu'il a été fabriqué par
un procédé différent du procédé accoutumé ; comparé
au poids de certains objets, il signifie que la matière
employée n'est pas ce qu'elle doit être. D'autres fois,
comme quand il s'agit de tissus, le bas prix indique
que le produit exposé n'est pas de fil, de laine ou de
soie pure ; mais d'un mélange de qualité inférieure.
Outre les indications par induction, le prix de vente
en offre beaucoup d'autres d'un intérêt tellement décisif, qu'en apprenant qu'il ne serait pas affiché sur
les produits, le commissaire danois écrivait à la commission royale d'Angleterre : « Les articles du Dane-
» mark étant principalement remarquables par le bon
» marché, dès l'instant que ce bon marché ne peut plus
» être constaté par la publication des prix, nous avons

» besoin de beaucoup moins d'espace, et 450 pieds
» carrés nous suffisent. »

Le principal argument qu'on a fait valoir pour protéger ce mystère des prix, c'est l'intérêt des intermé-
diaires qui eussent été ruinés, à ce qu'on suppose,
par la révélation des prix de fabrique si souvent infé-
rieurs à ceux de la vente au détail. Certainement il y
a quelquefois une différence énorme entre ces deux
extrêmes ; mais cette différence, au lieu de rester secrète, aurait fini par être expliquée, et le public l'aurait bientôt comprise, même en la trouvant singulière.
Quel qué soit le prix de fabrique, le marchand en détail doit supporter les frais de transport du produit
acheté ; le loyer de son magasin, les frais d'assurance
contre l'incendie, le salaire de ses commis, les pertes
occasionnées quelquefois par leur infidélité ; les avaries
résultant de l'étalage, les caprices de la mode, les si-
nistres provenant de faillites ou de mauvais clients,
l'intérêt du capital engagé, et enfin ses frais d'existence personnelle. Ces charges sont considérables et
s'ajoutent forcément au prix d'achat en fabrique ; mais
le marchand n'a aucun intérêt sérieux et honnête à
dissimuler ce prix, qui est le point de départ de tous
les autres, et la société entière a un grand intérêt à le
connaître.

Puisqu'il en a été autrement ordonné, nous avons
dû recourir à des moyens particuliers d'investigation,
soit à Londres même, soit dans les villes manufactu-

rières, pour savoir à quoi nous en tenir et pour compléter nos observations. Nous avons réuni les prix courants les plus récents des maisons les plus respectables; nous avons été admis à constater sur les livres de plusieurs manufacturiers de premier ordre le prix des principaux articles de matières premières, tels que substances chimiques, bois de teinture, combustible, mordants, etc., et nous les avons comparés dans les divers pays pour connaître l'influence qu'ils peuvent exercer sur la valeur vénale des produits auxquels ils sont appliqués.

Le premier fait qui nous a frappés et celui dont l'évidence nous a paru tous les jours plus démontrée, c'est que la grande lutte ouverte au Palais de Cristal n'a eu pour champions principaux que la France et L'Angleterre. Toutes les autres nations industrielles, en dépit de leurs mérites spéciaux, semblent n'avoir assisté que comme témoins à ce mémorable tournoi. La Chine, l'Inde anglaise, la Perse, la Turquie n'y représentent que le passé; les États-Unis et la Russie, l'Australie, la terre de Van Diemen y représentent l'avenir. La Prusse, la Belgique, l'Autriche, la Suisse, l'Espagne, l'Italie gravitent plus ou moins dans l'orbite de la France et de l'Angleterre, et elles essayent de se créer une vie propre, un mouvement indépendant, en empruntant à ces deux grands peuples producteurs les procédés des arts, qui s'y développent chaque jour avec une fécondité admirable.

Tel est l'aspect général de l'Exposition universelle, à ne considérer que le caractère distinctif des nationalités diverses ; mais quand on plonge des regards plus profonds dans ce panorama immense, on découvre des horizons nouveaux, des produits peu connus, des matières premières destinées à exercer peut-être une influence égale à celle du coton. Ainsi, l'Australie expose des laines d'une qualité remarquable, en quantité illimitée et d'un prix tellement bas, qu'elles reviennent à moins de soixante-quinze centimes la livre française, rendues en entrepôts, après avoir fait le voyage des Antipodes. Le nombre des moutons se multiplie sur cette terre vierge avec une rapidité et une économie qui tiennent du prodige. C'est une vraie *mine de laines* que l'Angleterre ajoute à ses mines de houille et de fer.

Un autre filon de matières textiles paraît s'ouvrir encore pour elle au sein de ses possessions de l'Inde, et promet de lui donner, sous le nom encore peu connu de *jute,* une espèce de chanvre qui tient du fil et du coton, et qui serait destiné, s'il faut en croire l'enthousiasme et les produits de quelques manufacturiers écossais, à remplacer ces deux substances. En même temps, la plus riche collection de graines oléagineuses vient faire concurrence, de l'autre côté de la ligne, aux graines similaires de l'Europe, et nous avons compté plus de mille échantillons de bois d'ébénisterie nouveaux, originaires du Canada, de l'Australie, de l'Inde, qui tendent déjà à supplanter l'acajou et le palissandre, puisque les ébénistes anglais ont exposé des meubles fabriqués avec ces bois inconnus, presque tous de la plus rare beauté.

Avant de pénétrer plus avant dans les régions de l'avenir industriel, tel que l'Exposition nous le révèle, je me proposais de jeter un coup d'œil rapide et rétrospectif vers le passé ; mais mon savant confrère a si bien rempli cette tâche, que je me bornerai à rappeler à l'Académie ses ingénieuses analyses du travail oriental primitif et de l'industrie moderne, collective et organisée. Cependant les produits de l'Inde britannique méritent l'attention du technologue autant que celle du philosophe et de l'économiste. Il y a vraiment un art indien qui a un cachet de distinction comme l'art français, et de plus une originalité souvent élégante et de bon goût, telle que celle de leurs châles, devenus les modèles des nôtres, et celle des tissus nombreux exposés par la compagnie des Indes. Les armes, les poteries, les meubles même ne ressemblent en rien à ceux des Chinois, qui sont bizarres et souvent monstrueux, et qu'il faut se garder de confondre avec le style oriental.

Cette brillante partie de l'Exposition a produit l'effet d'une révélation. Elle a été si complète, si riche, si bien agencée, qu'elle représentait l'Orient tout entier depuis les temps les plus reculés jusqu'à nos jours. On a pu voir combien la forme exerce son empire sur les produits de l'industrie, et combien elle rachète les imperfections du travail mécanique par la supériorité de la main-d'œuvre et les hardiesses de l'imagination. Les Indiens sont les Français de l'Orient pour le génie industriel : il ne leur manque que nos connaissances positives ; mais ils sont aussi artistes dans leur genre que nos plus habiles dessinateurs de Paris, de Lyon et de Mulhouse. Aussi les produits qu'ils ont exposés ont-ils appelé au plus haut degré l'attention des fabricants européens. Plus d'un, sans doute, parmi les plus habiles, aura profité de la réapparition de cette vieille école pour renouveler ses dessins. Mais c'est le seul avertissement que l'Occident ait eu à recevoir de l'Orient à la suite de l'exposition : les Indiens de nos jours ne sont que des reproducteurs serviles de leur passé ; ils n'ont point de grande industrie, ils n'en sauraient avoir.

Les Chinois encore moins. Assurément, rien n'est plus étrange et plus varié que la collection, bien incomplète d'ailleurs, des produits du Céleste Empire au Palais de Cristal. Elle offre des tours de force vraiment curieux et qui témoignent du rare instinct de cette race pour les travaux manuels les plus délicats et les plus difficiles ; mais nous n'avons rien à leur envier, si ce n'est l'abondance de quelques matières premières et notamment de la soie. La porcelaine, les ouvrages de laque et d'ivoire sont connus de temps immémorial, et pour tout le reste les Chinois sont tellement immobiles qu'ils peuvent être considérés comme les plus anciens ouvriers du globe, à partir du déluge. Ils ont envoyé à Londres des produits dont l'origine remonte à une époque presque aussi ancienne, et qui ne paraissaient pas trop différents, en vérité, de ceux qu'ils fabriquent de nos jours.

La Perse et la Turquie, l'Égypte, la Grèce, les États Barbaresques et cette région moyenne qu'on pourrait appeler le petit Orient, n'ont rien de commun avec le grand, pas même l'immobilité. On y retrouve la même faiblesse pour le clinquant, la richesse de la matière et la pauvreté du travail ; mais le goût et l'art sont tout à fait différents, et même dans les plus grands écarts on reconnaît que l'Occident a passé par là. Nous avons été heureux pourtant de constater deux faits remarquables dans cette région si longtemps disgraciée : c'est le réveil de l'industrie proprement dite en Turquie, et celui de la culture en Égypte. La seule collection turque comprend plus de trois mille trois cents articles appartenant aux trois règnes de la nature, et disposés avec beaucoup d'ordre et de méthode. Il est facile de voir que la Porte aspire à prendre son rang parmi les peuples civilisés, et qu'elle a fait de louables efforts pour figurer dignement à l'Exposition.

Toute cette curieuse pléiade des représentants du passé ne mérite qu'un intérêt purement historique, en présence des enseignements décisifs qui ressortent de l'état actuel de la production dans les grands pays manufacturiers de l'Europe. C'est là vraiment qu'il faut étudier l'Exposition au point de vue économique, pour en bien apprécier les effets généraux. Le principal effort de la lutte s'est porté sur quelques grandes industries qui opèrent à l'aide de capitaux immenses et qui font mouvoir des milliers de bras, telles que les manufactures de coton, de laine, de fil, de soie, les usines métallurgiques, les constructions mécaniques, la céramique, les cuirs, les produits de grande consommation; mais un examen approfondi de toutes les autres branches du travail humain a fait voir de combien les petites industries l'emportaient sur les grandes, et combien il était nécessaire d'en tenir compte, pour connaître avec exactitude la force productive de chaque nation.

Ainsi, la splendeur manufacturière de l'Angleterre et celle de la France se manifestent avec éclat dans les grandes usines mécaniques des deux pays; leur caractère industriel privé, si j'ose dire, n'apparaît que dans les petites fabrications. On tisse le coton, le fil, la laine avec les mêmes machines et par les mêmes procédés dans les deux pays; mais tout ce qui tient au goût, à l'art, à l'inspiration, à la valeur indivi-duelle de l'homme, est bien différent en France, dans la Grande-Bretagne et ailleurs. Il n'y a rien qui se ressemble davantage que deux pièces de calicot fabri-quées dans deux contrées voisines, avec des fils du même numéro. Le plus habile connaisseur distinguera difficilement une toile de lin tissée à la mécanique, de l'autre côté du détroit, et une toile de même finesse, exécutée de ce côté avec des fils français. Il en est de même pour les draps de Leeds, qui sont aussi beaux, souvent, que ceux d'Elbeuf ou de Louviers.

Mais quand on sort du domaine des arts mécaniques pour entrer dans celui du goût, les différences, le génie particulier à chaque nation commencent aussitôt à se faire sentir et à laisser entrevoir leurs conséquences économiques. L'Exposition universelle, en offrant pour la première fois aux regards de l'observateur une encyclopédie complète de tous les produits européens qui ne sont pas de l'ordre mécanique, a mis ce fait en lumière, à l'honneur de la France, et nous a fourni de nouveaux arguments en faveur de la liberté commerciale en même temps qu'un grand avertissement politique. Il a été démontré avec la dernière évidence, par la comparaison des divers produits, que la somme des valeurs créées par les petites industries l'emportait sur celle des valeurs créées par les grandes, et que les petites industries exigeaient de moindres capitaux, employaient plus de bras, développaient plus d'intelligence et procuraient plus de bien-être, avec moins de complications sociales, que les procédés des manufactures organisées sous l'empire des machines et de la division du travail poussée à l'extrême.

Qui croirait, par exemple, que la seule industrie

des chaussures, je ne parle que des souliers et des bottes, représente en France une valeur annuelle de plus de 250 millions! Le capital d'un cordonnier français n'est pourtant pas considérable, et celui-ci a si peu besoin de protection qu'il exporte ses produits sur tous les marchés du monde. La seule faveur qu'il solliciterait serait la libre entrée des matières premières de sa profession. Les dentelles, les châles, les bronzes, les papiers peints, l'orfévrerie de pacotille, la tabletterie, les broderies, l'arquebuserie, l'horlogerie, la grosse quincaillerie, l'ébénisterie, les articles de mode, font vivre plus d'ouvriers que les industries soumises aux conditions du capital et aux éventualités d'une production forcée d'agir par masses, trop souvent sans connaissance de la demande et sans certitude du débouché.

C'est dans cette branche, si féconde et si variée de la production, que la France a brillé d'une gloire sans rivale au concours général des peuples civilisés, et qu'elle a établi sa suprématie d'une manière incontestée. On a vu là, pour la première fois, à l'aide d'une comparaison qui n'avait jamais été faite sur une aussi vaste échelle, tout ce qu'il y a de richesse dans la forme et tout ce qu'elle ajoute de valeur aux matières les plus viles et aux objets les plus insignifiants. L'exposition française s'est emparée en quelque sorte de l'attention publique par le caractère artistique, élégant, saisissant de tous ses produits. Elle a dominé par le goût, sans aucune exception sur aucun point du monde, même en Europe, et elle a révélé un fait économique bien digne d'être médité par les hommes d'État de notre pays, à savoir que le dessin et la forme augmentent de beaucoup, sans autres frais que ceux de l'imagination, la valeur des marchandises auxquelles on peut les appliquer. C'est comme si on se créait un privilége de climat, une faveur spéciale de la nature, un monopole du talent.

Tel est, messieurs, pour nous, le fait capital de la grande Exposition de cette année, celui qu'il convenait de mettre en relief le premier, en raison des conclusions importantes qu'il est permis d'en tirer, et qui nous semblent de nature à frapper les esprits. Si, comme ce fait est aujourd'hui démontré, l'ouvrier français ajoute par son talent personnel, naturel ou acquis, une valeur spéciale aux matières premières qu'il emploie, et rachète avec avantage l'infériorité qu'il peut avoir, soit dans les procédés mécaniques, soit par l'insuffisance des capitaux, n'est-il pas évident que le moyen le plus simple d'assurer son succès, c'est de l'affranchir des charges artificielles qui pèsent sur son travail et particulièrement des droits sur les matières premières? n'est-il pas juste de penser que dès lors il acquerra sur tous ses rivaux une supériorité inattaquable?

L'examen détaillé de tous les produits réunis à Londres a permis d'assigner à l'industrie de chaque peuple son véritable caractère, et de reconnaître les meilleurs moyens de lui donner de l'essor. C'est à tort, et faute d'une étude approfondie qu'on a supposé que les articles de goût étaient généralement des articles de luxe, et qu'ils méritaient moins d'attention que les articles de grande consommation. La France excelle dans l'industrie des toiles peintes qui s'adressent, depuis les indiennes de Rouen jusqu'aux mousselines de Mulhouse, aux petites et aux moyennes fortunes. Les papiers peints, qui coûtent depuis 50 centimes jusqu'à 5 francs le rouleau, décorent la mansarde du pauvre et les salons de la bourgeoisie. Les dentelles de coton, qu'on appelle des tulles, ont acquis une importance qui dépasse de beaucoup, pour la somme des valeurs créées, la richesse du point d'Alençon, des valenciennes et des autres réseaux destinés à l'opulence. Enfin, on fabrique tous les jours à Saint-Étienne et à Liége, des pistolets et des fusils qui se vendent par masses bien plus considérables que les armes de luxe de Paris et de Londres.

Il en est ainsi pour tous les autres produits qui s'adressent à la grande masse des consommateurs. Pour une seule industrie métallique, celle du fer, par exemple, qui procède en grand et qui est protégée par des droits de près de cent pour cent, dont le profit appartient au capital employé bien plus qu'au travail, ne comptons-nous pas des milliers de professions paralysées dans leur développement et souvent dans leur simple exercice, par la cherté artificielle du fer et de l'acier ? La coutellerie, la taillanderie, la quincaillerie, la serrurerie, les fabriques d'instruments aratoires, *celle des outils de tout le monde,* les chemins de fer, la navigation à vapeur, la paix et la guerre, en un mot, ne sont-elles pas tributaires d'une seule industrie ? cette servitude inouïe n'est-elle pas le point de départ d'une foule de difficultés industrielles, et la principale cause de notre infériorité, partout où elle existe ?

L'examen des produits envoyés par toutes les nations ne laisse plus aucun doute à ce sujet. Quiconque a vu la collection vraiment resplendissante de toutes les œuvres de l'industrie de Sheffield, composée de près de mille articles divers, depuis le plus mince canif jusqu'aux scies circulaires les plus gigantesques, et cette innombrable variété d'outils aussi ingénieux que puissants, exécutés avec la perfection des appareils d'horlogerie, comprend parfaitement l'influence décisive du bon marché des matières premières sur les travaux de l'industrie. C'est le bas prix de la fonte qui a permis aux Anglais de couler ces admirables cheminées, garnies de barres d'acier, rehaussées d'ornements sévères, qui décorent leur exposition métallurgique et qui ont excité une admiration si légitime. C'est par là qu'ils sont les maîtres dans l'art d'appliquer la fonte et le fer à des emplois auxquels il ne nous est pas même permis de rêver, sous l'empire de la législation économique qui nous régit.

21.

Ce n'est pas, messieurs, que la France ait eu à rougir des articles qu'elle a exposés en ce genre, et que nos couteliers et nos fondeurs occupent un rang indigne d'eux, même en présence de ces rivaux redoutables : tout au contraire, ceux qui ont paru à l'Exposition universelle y ont apporté des produits admirables, mais chers; et il y a une foule d'articles auxquels ils n'ont pu appliquer leur intelligence, à cause de la cherté relative du combustible, de la fonte, du fer et de l'acier. Nous avons vu la Prusse victorieuse sur plusieurs points, la Belgique même en voie de le devenir, à cause du bas prix de l'élément métallurgique dans ces deux pays. Mais nous ne saurions trop le redire, et mille voix le rediront après nous : le grand fait de l'Exposition, c'est la démonstration de la puissance immense créée par le bas prix des métaux. Il suffit de jeter un coup d'œil sur la collection des machines anglaises, qui forment un véritable arsenal, pour en apprécier la portée.

Ces machines, dont mon savant confrère vous a fait connaître la puissance productive, équivalent à une population supplémentaire de plusieurs millions d'hommes pour la Grande-Bretagne. Elles sont la source principale de sa fortune publique et privée; elles constituent un fonds où nos industries pourraient puiser, sous l'empire de la liberté commerciale, les mêmes éléments de prospérité que l'Angleterre elle-même. Nos couteliers fabriqueraient probablement des cou-

teaux plus élégants que ceux des Anglais, et nos fondeurs, inspirés par les dessins de nos artistes, pro-
duiraient des articles de moulage bientôt recherchés
dans toute l'Europe, comme ceux de Berlin. Voilà les
faits économiques que l'Exposition de Londres a dé-
montrés avec une évidence irrésistible. C'est grâce au
bas prix des fontes que le palais même où toutes ces
œuvres étaient réunies a pu être élevé, et il suffirait
de calculer ce que ce palais eût coûté en France pour
apprécier le dommage que nous éprouvons de la rigueur de notre système économique à cet égard.

Cette infériorité se révèle avec bien plus d'évidence
encore, en tout ce qui touche aux intérêts de l'agriculture dans les deux pays. Vous ne sauriez croire,
messieurs, à moins de l'avoir vu, tout ce que l'agriculture emprunte en Angleterre, par le fer, de puissance à l'industrie. Le fer y joue un rôle immense et
de tous les moments. Le fer figure dans les constructions rurales sous toutes sortes de formes, et l'agriculture de ce pays emploie des séries entières d'outils
ou de machines, dont la plupart sont inconnus dans
le nôtre. C'est le sujet d'étude peut-être le plus intéressant de toute l'Exposition, par sa nouveauté et par
les applications qu'on en pourra faire à la culture
française, le jour où nous rentrerons dans le droit
naturel des échanges internationaux. Il me suffit de
dire qu'à l'heure où nous parlons, on expérimente en
Angleterre l'emploi des charrues et des herses à va-

peur, et j'ai assisté à des essais de *béchage* mécanique, si l'académie me permet le mot, dont le succès m'a paru très-probable. S'ils réussissent, l'Angleterre, selon l'expression de l'inventeur de ce système, ne sera bientôt plus qu'un vaste jardin.

Dans toutes les autres branches de l'industrie anglaise, l'observateur est également frappé de la supériorité du travail mécanique, de l'emploi heureux du fer, et de la perfection des outils. Mais cette supériorité disparaît dès qu'il s'agit d'applications artistiques et de formes élégantes. Ici, la France reprend l'avantage, et la loi de notre avenir se révèle à tous les yeux. L'Anglais excelle par la qualité et le bon marché de la matière, le Français par le goût ingénieux du travail. Prenez un mètre de mousseline ou de linon, et donnez-le à une ouvrière de France : elle en fera, en deux tours de main, une coiffure charmante, pleine de distinction et de grâce. Remettez à une ouvrière de tout autre pays un mètre du tissu le plus riche et le plus fin, il en sortira quelque parure lourde, gauche et de nulle valeur. Voyez les meubles anglais, autrichiens, belges, prussiens : assurément, ils sont construits avec de très-bons matériaux, souvent meilleurs que les nôtres; mais il y manque l'art, la sobriété des ornements, la simplicité, l'élégance : il y manque la vie. Que sera-ce donc quand nous posséderons, avec notre privilége d'artistes, nos libertés d'importateurs?

Ces conclusions logiques de l'Exposition ressortent partout de la comparaison des produits du monde entier. Elles sautent aux yeux, éblouissent, poursuivent le spectateur, soit qu'il examine les objets exposés en masse, soit en détail. Partout on retrouve les mêmes contrastes saisissants. Voyez l'Autriche, si renommée par ses cristaux de Bohême : ils brillent par la matière, par la couleur, par l'économie, mais ils pèchent par le goût. Nos grandes cristalleries de Baccarat, de Saint-Louis, lesquelles d'ailleurs n'ont point paru à l'Exposition, n'auraient pu que gagner à y paraître. Leurs produits sont évidemment supérieurs par la forme, par la combinaison des ornements, par tout ce qui dépend du dessin et de la variété. Dans les arts céramiques, la Saxe, si célèbre, n'a rien à comparer aux porcelaines de Sèvres, et nous avons vu des pièces de Sarreguemines plus belles que tel ou tel chef-d'œuvre de poterie anglaise, dont le mérite principal consiste dans la modération du prix.

Le fait économique est donc acquis. La France est sans rivale, sans rivale absolument, en matière d'art et de goût. Le jour où sa législation lui permettra d'ajouter à cet avantage naturel, imprescriptible, le bénéfice de la liberté des échanges en vertu de laquelle elle pourra se procurer les éléments du travail aux conditions les plus favorables, sa prospérité n'aura d'autres limites que la faculté d'acheter des peuples étrangers. L'art, en effet, n'est pas tout, en fait d'objets consommables : il faut que ces objets soient à la portée du plus grand nombre et que leurs frais de production soient toujours réduits au plus bas prix possible, surtout quand ces frais dépendent de charges artificielles inégalement réparties dans l'atelier universel.

Sous ce rapport, la Grande-Bretagne offre à tous les autres peuples des exemples bons à suivre en fait d'économie industrielle et de politique commerciale. Les progrès extraordinaires qu'elle a faits dans ces derniers temps sous l'empire de sa législation réformée, apparaissent dans toute leur signification au Palais de Cristal et ils y excitent une sensation générale. En étudiant selon leur importance les diverses catégories de produits qu'elle expose, on reconnaît l'élan imprimé à toutes les branches de la production, depuis les plus élémentaires jusqu'aux plus élevées. Ses fabriques de machines sont connues. Ses filatures armées de métiers formidables ont acquis des proportions qui effrayent l'imagination. Sa draperie, riche des laines mélangées de toutes les parties du globe, et fortifiée du contingent australien, brave la concurrence de la France, de la Belgique, et de la Prusse. Ses cristaux, d'une très-belle eau, sont aujourd'hui taillés avec une perfection remarquable, témoin cette belle fontaine de dix mètres de hauteur qui n'a cessé de répandre une fraîcheur bienfaisante, au point d'intersection des deux galeries appelé le *Transept*.

Les produits chimiques que l'Angleterre demandait,

il y a peu de temps encore, à la France, à l'Allemagne, à la Hollande, sont créés aujourd'hui sur son propre sol avec une économie de prix et une richesse de qualité inespérés. Les sels de fer, de cuivre, de plomb, de mercure, les extraits de végétaux, les matières colorantes, les savons, les huiles épurées, les essences, les mordants, les couleurs fines ou communes y sont préparés en grand avec la même habileté que dans les pays qui en avaient précédemment le monopole. Le travail des cuirs, des peaux, des fourrures, s'y développe dans des proportions tous les jours plus considérables. La faïence indigène, si connue par ses bas prix et par ses formes usuelles et vulgaires se répand, à force de bon marché, sur toutes les places du monde. Enfin, il n'est pas jusqu'à l'ébénisterie, jusqu'aux papiers peints, jusqu'aux articles de fantaisie, qui ne suivent l'impulsion donnée à tout le reste.

Tout est en veine de progrès sur cette terre du travail et de l'intelligence, fécondée par des capitaux sans cesse renaissants. Le secret de cette production incessante et illimitée n'est pas seulement dans la richesse acquise qui se multiplie elle-même ; il est surtout dans le caractère sérieux et réglé des populations britanniques, dans les sympathies des chefs de l'industrie pour leurs ouvriers et dans le respect des ouvriers pour leurs maîtres. Ces deux grandes puissances qu'on appelle le capital et le travail n'ont pas été, dans ce pays, déchaînées l'une contre l'autre, et elles ne perdent pas leur temps dans des discussions envenimées sur le partage des profits et le taux des salaires. Elles savent très-bien que le meilleur moyen de résoudre les questions qui pourront survenir, consiste à produire le plus possible, de manière à avoir davantage à se distribuer.

Le caractère distinctif de l'exposition des produits anglais est la force, la solidité et l'étendue. Tous les instruments de la richesse y figurent dans un ordre méthodique, depuis la houille jusqu'aux machines les plus compliquées. L'observateur attentif peut suivre dans les moindres détails toutes les opérations d'extraction, de préparation, de mise en œuvre des métaux et des matières premières. Les Anglais n'y ont rien épargné, ni plans, ni coupes, ni échantillons, ni reliefs du terrain, ni la vue même des phases diverses de la production souterraine. On dirait qu'ils ont voulu communiquer tous leurs secrets, loin de ravir ceux des peuples conviés à cette grande fédération du travail.

La France a brillé, elle, d'une manière moins générale et moins complète, et il est à regretter que plusieurs de ses industries n'aient pour ainsi dire figuré que par le souvenir de nos expositions. La sévérité vigilante du jury n'a pas permis aux œuvres médiocres de se faire jour : elle a très-bien compris qu'il n'eût pas été convenable de paraître en négligé dans une solennité pareille. Aussi tous nos articles sont-ils remarquables par le discernement avec lequel ils ont été choisis. Nos machines, peu nombreuses, sont de véritables chefs-d'œuvre qui ont excité l'admiration des Anglais eux-mêmes et qui prouvent à quel degré de développement l'industrie des constructions arriverait en France, si elle pouvait obtenir les matières premières au même prix que nos rivaux.

Nos instruments de précision, astronomie, chirurgie, horlogerie, l'emportent sur tous les autres, sauf peut-être sur l'horlogerie suisse, qui a trouvé le moyen de produire des montres excellentes sur une grande échelle, à l'aide de procédés propres à cette ingénieuse nation et qui méritent une mention particulière. Nos produits chimiques ont soutenu leur vieille réputation. La chimie, on le sait, est une science toute française qui a grandi au milieu des orages de notre première révolution et qui n'a cessé de briller plus tard par les plus utiles découvertes, grâce à l'heureuse influence de notre enseignement public : mais aujourd'hui l'Angleterre, l'Allemagne, la Prusse, la Belgique, l'Espagne profitent de nos leçons et marchent sur nos traces. Nos verreries n'ont pas jugé à propos de répondre à l'appel du pays; elles n'ont pas voulu qu'on pût faire sur place des comparaisons capables d'ébranler leur foi intéressée au maintien du système économique, dont elles profitent moins qu'elles ne feraient du régime de la liberté.

Mais c'est surtout dans l'industrie des tissus de

toute sorte que la France a manifesté une puissance, et si l'on peut parler ainsi, une flexibilité de production incomparables. Si elle laisse encore quelque chose à désirer dans la filature et le tissage du coton, elle ne doit cette infériorité qu'au prix élevé du combustible et du fer ; mais elle tend à compenser de jour en jour davantage ce qui lui manque de ce côté, par ce qu'elle a gagné dans l'industrie des impressions. La sensation produite par l'exposition des œuvres de Mulhouse a été générale et profonde. On a vu une fois de plus quelle valeur nos arts ajoutaient à nos produits, et dans quelle direction il fallait conduire la fabrication française pour la mettre de plus en plus à l'abri des hasards de la concurrence, en lui maintenant sa supériorité naturelle. Les manufacturiers les plus distingués eux-mêmes ont signalé cette tendance, et la ville de Mulhouse aura l'honneur d'avoir pris une généreuse initiative à cet égard.

Chacun sait à présent que nous exportons sur tous les marchés du monde nos toiles peintes, et que nos dessinateurs sont parvenus à leur donner chaque jour une physionomie nouvelle, capable d'assurer à la consommation des débouchés illimités. Le même fait s'est reproduit dans la fabrication des châles, plus bornée sans doute, mais aussi originale, puisqu'elle rencontre aujourd'hui, surtout dans les articles communs de ce genre, des rivalités redoutables. Nous le retrouvons bien plus frappant dans l'industrie des soieries, qui s'est surpassée elle-même à l'Exposition universelle, jusqu'à atteindre aux proportions d'un grand événement. C'est à la ville de Lyon qu'est dû ce mouvement remarquable, qui aura des conséquences décisives et dont l'Europe entière s'est émue. La ville de Lyon, malgré les troubles qui ont désolé ses ateliers, a envoyé au concours général des nations une collection éclatante de ses produits, la plupart sans rivaux, et l'on peut dire sans modèles. C'est le pays de l'invention et de l'exécution. Richesse de la matière, perfection du travail, rien n'y manque.

L'Académie n'attend pas que j'entre ici dans des détails technologiques qui ne seraient pas de sa haute compétence. Dans d'autres circonstances, heureusement déjà loin de nous, j'ai eu l'honneur de lui exposer l'organisation originale de la fabrique de Lyon, ses complications singulières et comme la fatalité de sa constitution : la *fatalité,* qu'on me permette ce mot, car la fabrique de Lyon représente à merveille le sort fait aux industries les plus caractéristiques du génie français, par le système qui en protége quelques-unes au détriment réel de toutes les autres. Les cinq sixièmes des produits spéciaux de la fabrication lyonnaise se vendent à l'étranger, de temps immémorial, particulièrement en Angleterre et aux États-Unis. C'est donc une nécessité absolue, une question de vie ou de mort pour cette ville, que la faculté d'échanger ses articles contre les marchandises de l'étranger.

Supposez-la un instant privée de ses débouchés, il est évident que le travail y sera paralysé et les métiers forcés de s'arrêter. Que de fois l'a-t-on vu!

Or, quand on considère l'importance d'une telle fabrication, l'influence qu'elle exerce sur la production de la soie et les grandes traditions qu'il lui faut maintenir, on frémit de penser qu'elle vit au jour le jour, selon le bon plaisir d'une législation qui nous a valu les représailles dont elle supporte presque toutes les rigueurs[1]. L'éclat qui a rejailli sur l'industrie lyonnaise à Londres doit faire comprendre aux esprits les plus prévenus le danger de la laisser plus longtemps sous le coup qui la menace, et qui menace avec elle toutes nos industries artistiques, c'est-à-dire celles qui sont le plus éminemment françaises. Les progrès de la richesse, dans le monde, sont tels aujourd'hui que ces industries auraient les plus grandes chances de succès, sous l'empire d'une législation libérale. La France se mutile de ses propres mains en fermant ses portes et en sacrifiant ses éléments de fortune les plus assurés au profit de ses industries les plus automatiques.

Telle est, messieurs, la question qui s'est posée pour être infailliblement résolue, à la suite de la

---

[1] Les soieries françaises payent en Angleterre de 12 à 20 pour cent; 20 pour cent dans le *Zollverein;* 25 pour cent aux États-Unis; 30 à 40 pour cent en Piémont; 35 à 60 pour cent en Russie : elles sont prohibées en Autriche.

grande Exposition de 1851. Une circonstance assez curieuse et décisive, qui ressort de cette exposition, pourra faire apprécier la nécessité d'y pourvoir. Une foule d'ouvriers français et des plus habiles, dispersés par la tempête de 1848, se sont réfugiés à l'étranger ou ils y ont été attirés par l'appât de salaires très-élevés. Ce sont des orfévres, des ciseleurs, des dessinateurs, des ébénistes, des fabricants de papiers peints, des imprimeurs sur étoffes. On aurait pu croire qu'ils allaient faire école et propager à l'étranger les talents dont ils sont tous doués : loin de là, ils sont demeurés stériles comme autant de plantes hybrides, et ils n'ont pu se créer des successeurs. Ils sont presque tous réduits à eux-mêmes, et comme étonnés de leur impuissance à se multiplier. La terre de France a son génie comme elle a son climat. Elle a ses ouvriers artistes comme elle a ses vins de qualité, comme le printemps a ses fleurs, comme l'été porte ses fruits.

C'est donc contre le génie industriel spécial de la France que l'on conspire en maintenant son isolement dans le monde et en éloignant d'elle les consommateurs charmés, qui recherchent avidemment ses produits. L'Exposition universelle a jeté une si vive lumière sur cette situation, qu'elle en est désormais parfaitement éclaircie. Il demeure évident pour tous les esprits impartiaux que la France est aujourd'hui le pays le plus intéressé à la liberté des relations commerciales, celui auquel cette liberté ferait le plus de bien, auquel les restrictions font le plus de mal. On a pu la juger par ses œuvres comparées à celles de tous les pays étrangers. Tissus de laine, de coton et de fil, soieries, tissus mélangés, dentelles, broderies, meubles, porcelaines, cristaux, bronzes, papiers peints, cuirs et peaux : tout ce qu'elle fabrique est rehaussé d'un goût exquis, d'un art inimitable. Ce qu'elle produit chèrement est dû aux charges extraordinaires et factices qu'elle supporte au profit de quelques privilégiés de la production, et non au profit de la production elle-même.

A mesure que nous ferons passer sous les yeux de l'Académie les autres faits confirmatifs de cet état de choses, les conséquences se dérouleront d'elles-mêmes. Partout nous verrons l'esprit de liberté favorable au travail, l'esprit de restriction funeste, antipathique aux opinions comme aux intérêts généraux bien entendus. Nous nous demanderons, après ce grand voyage de circumnavigation industrielle, ce que la liberté produit, ce que produit la servitude, et la réponse jaillira éloquente de la plus grande masse de faits qui aient été observés depuis le commencement de ce siècle. Cette réponse donnera une satisfaction éclatante à tous les grands esprits qui ont préparé les solutions libérales de la question du travail, Turgot, Adam Smith, Sismondi, J.-B. Say, Huskisson, Robert Peel.

SECONDE PARTIE.

Après avoir exposé à l'Académie les caractères distinctifs de l'industrie française et de l'industrie anglaise, tels qu'ils nous ont paru ressortir de la comparaison des produits de ces deux grandes nations, il convient d'examiner quelle a été la part des autres nations à ce concours universel. Plusieurs d'entre elles y ont brillé d'un éclat remarquable, et y ont apporté un contingent de richesses de la nature la plus intéressante et la plus variée. L'Allemagne, représentée par le *Zollverein*, nous a fourni une nouvelle preuve de l'heureuse influence des réformes libérales sur la production industrielle ; elle occupe le premier rang après la France et l'Angleterre, et elle le doit évidemment aux modifications qui ont été apportées à la législation douanière de l'association célèbre fondée et patronée par la Prusse. Cette législation, en substituant peu à peu le principe de la protection modérée à celui de la prohibition ou des droits élevés, est devenue la cause première du mouvement progressif de l'union germanique, si prononcé depuis quelques années.

Le *Zollverein* a prouvé une fois de plus, même avant la réforme commerciale anglaise, combien la suppression des barrières entre États et des taxes sur les matières premières contribuait à la prospérité des peuples et au développement du travail. Toutes les statistiques publiées en Allemagne, où on en publie beaucoup, ont signalé l'accroissement rapide et continu de la production manufacturière, depuis la formation de l'union. Le brillant contingent envoyé par cette union à l'Exposition universelle en est un témoignage incontestable, car ce contingent renferme les mêmes éléments de fortune, dans des proportions plus restreintes, que ceux de la France et de l'Angleterre. Le *Zollverein* s'est surtout distingué par son habileté dans le travail des métaux; et peut-être, s'il ne fallait juger que d'après la perfection de certaines pièces, serait-on en droit de dire que cette perfection a été plus irréprochable dans les articles envoyés par la Prusse que par toute autre nation. Le fameux groupe de l'*Amazone*, qui figurait tout à la fois comme objet d'art et comme spécimen industriel au milieu de la grande galerie de Hyde-Park, est un indice frappant de la tendance qui se manifeste chez les fabricants du *Zollverein* à combiner l'art et la science, la mécanique et le goût, c'est-à-dire à réunir en eux les deux éléments distinctifs de la puissance anglaise et française.

L'Allemagne avance de jour en jour dans la carrière des arts appliqués à l'industrie. Le dernier roi de Bavière, en inaugurant dans ses États le culte des grands modèles de l'antiquité; la Prusse, en protégeant d'une manière spéciale l'étude des beaux-arts, ont contribué à hâter ce mouvement de renaissance qui emporte aujourd'hui la production allemande vers de nouvelles destinées. Ce qui lui manque encore du côté de la richesse et des capitaux, elle le retrouve dans la frugalité de ses ouvriers, dans le bon marché de la vie, dans le bas prix des matières premières et le perfectionnement de la viabilité du sol germanique. Les Allemands inventent peu en industrie; mais ils imitent avec un bonheur extrême, et ils sont de parfaits modèles d'ordre, de prudence et d'économie.

L'étude des produits qu'ils ont exposés révèle en eux un peuple nouveau ou tout au moins initié à une vie nouvelle, et qui aspire sans bruit au premier rang parmi les grands peuples manufacturiers de l'Europe. Il excelle, comme nous l'avons vu, dans l'industrie des métaux, qui est le point de départ de toutes les autres, et il marche l'égal de l'Angleterre pour les articles de taillanderie et pour la fabrication d'une foule d'outils de consommation courante. Ses porcelaines, ses verreries, ses fabriques d'étoffes, sa typographie, sa topographie, ses manufactures de papier et de cuir, ses tapisseries, ses instruments de musique et de physique, ses fabriques de produits chimiques ont attiré l'attention générale par un certain caractère d'exécution élégante et sévère, *idéale*, comme ils disent, simple, consciencieuse et naïve. La Saxe a exposé les trois premières feuilles d'un atlas dont la gravure dépasse toutes les perfections de la topographie anglaise, française et autrichienne. La vallée de Chemnitz a envoyé des produits qui semblent résumer, par leur variété et par leur excellente confection, les mérites si divers de notre Alsace, de Roubaix, de Rouen et de Saint-Quentin.

Tous ces articles, si remarquables par leur bonne qualité, le sont bien plus encore par leur bas prix, grâce à l'heureuse combinaison de l'économie des machines et de la main-d'œuvre. Il s'est formé peu à peu, dans les régions manufacturières du *Zollverein*, une génération d'ouvriers intelligents, sobres et laborieux, qui deviennent artistes par une sorte d'inspiration patriotique et religieuse, et qui apportent aux travaux de l'industrie l'enthousiasme qui les entraînait dans d'autres temps vers la guerre. C'est une race à part, tout à fait différente de la famille agricole allemande, et pourvue d'un génie vraiment singulier pour les œuvres de l'industrie. La naïveté de leur caractère se reconnaît facilement à ces œuvres mêmes : il suffit d'examiner les porcelaines de Saxe, si pleines de vie et d'expression, les bronzes et les fontes de Berlin, les pièces d'histoire naturelle du Wurtemberg, et cette variété infinie de produits de leurs petites industries, filles de la main et du foyer domestique, qui défient toutes les concurrences et toutes les machines.

L'Autriche, qui n'a point encore pris part à la confédération industrielle du *Zollverein*, n'a pas moins attiré les regards que les autres nations germaniques ; mais elle est arrivée avec sa physionomie propre et avec une variété de produits aussi nombreuse que les diverses races qui habitent l'empire. Les soies d'Italie, les cristaux de Bohême, les faulx de la Styrie, les articles de Vienne, parmi lesquels brillaient des pièces d'ébénisterie remarquables par leur exécution plus que par le dessin, ont dignement inauguré cette apparition de l'Autriche. Elle comptait au Palais de Cristal plus de sept cents exposants ; et comme le *Zollverein*, plus que le *Zollverein* même, elle s'est distinguée par le luxe et la variété de ses produits minéralogiques et métallurgiques, par ses soieries, par ses instruments de musique et par ses tissus de tout genre, presque tous remarquables sinon par le goût, du moins par le bon marché. L'art des constructions mécaniques a fait de grands progrès en Autriche, et ce pays commence à suffire lui-même, à force de patience, de labeur et d'économie, à la production de tous les articles nécessaires au vaste réseau de chemins de fer qui sillonnent son territoire, et à la flotte de bateaux à vapeur qu'il entretient dans le bassin de l'Adriatique, de la Méditerranée et de la mer Noire.

L'imprimerie impériale de Vienne a envoyé une collection typographique sans rivale dans le monde, et qui donne la plus haute idée de l'état avancé des connaissances et de l'habileté où l'Autriche est parvenue sous ce rapport. Tous les savants ont admiré ces magnifiques spécimens d'ouvrages imprimés en plus de deux cents langues étrangères, depuis le phénicien jusqu'aux dialectes japonais, avec une perfection rare, et comme si toutes ces deux cents langues étaient parlées ou étudiées régulièrement dans l'empire. L'Autriche possède aujourd'hui, au service de la science, environ 150 millions de caractères, et elle ne cesse de donner une impulsion consciencieuse à cette branche des produits de l'intelligence humaine. Sa topographie, déjà très-honorablement connue par les cartes de son état-major militaire, a fait de nouveaux progrès, constatés par une superbe carte des environs de Vienne et du cours du Danube.

En matière purement industrielle, l'Autriche paraît tendre surtout vers la production économique. Ses articles s'adressent principalement aux petites fortunes et à la grande consommation : elle aspire à rivaliser avec nos rouenneries ; elle excelle dans la fabrication des petits châles communs, des petits damas pour meubles, des draps ordinaires, des soieries à bon marché, dans la sellerie, dans le tissage du linge de ménage. Ses corroyeurs, ses mégissiers, ses cordonniers, ses taillandiers ont la réputation de travailler avec conscience et habileté. Ses produits chimiques, quelques-uns tout à fait spéciaux, sont estimés pour leur bonne qualité et surtout pour leur bas prix. Enfin l'Autriche recherche, avec les avantages du bon marché, la gloire plus difficile des arts, et son exposition a produit une sensation véritable de surprise par l'ensemble des qualités qu'elle révèle chez ce peuple, assez fermé jusqu'à ces derniers temps, et dont le mouvement industriel, nous sommes heureux de le constater encore, a suivi de près la réforme économique, si modeste et si réservée qu'elle ait été.

Il faut considérer, en outre, que les efforts constatés par l'exposition autrichienne ont été faits à la suite de deux grandes guerres en Italie et en Hongrie, et après des commotions intérieures de la nature la plus grave. La vitalité de ce peuple doit être très-énergique et son allure très-décidée en faveur des travaux de l'industrie pour avoir résisté à tant de causes de perturbation et prospéré au sein des orages. Le jour où il sortira tout à fait de son isolement intellectuel, manufacturier et politique, le peuple autrichien marchera vers le plus brillant avenir. Ce pays disputera peut-être à la France l'avantage de relier le Nord et le Midi par ses artères de fer et par sa navigation à la vapeur; témoin la ligne de Trieste à Varsovie et à Bruxelles, et la grande entreprise du *Lloyd*, dont les ateliers font retentir aujourd'hui du bruit de leurs marteaux les rives du Bosphore. C'est par des Autrichiens que la grande industrie européenne a pénétré en Turquie : les Français ont ouvert en Orient la voie que l'Autriche aspire en ce moment à occuper après eux.

La Belgique, notre voisine, malgré son peu d'étendue, ne compte pas moins de 500 exposants, et marche l'égale des plus grands peuples par la puissance de ses capitaux et l'énergie de son esprit d'entreprise. C'est le pays le plus manufacturier de l'Europe; c'est celui qui, en proportion de son étendue, compte le plus d'établissements organisés sur les bases de ceux de France et d'Angleterre. Il suffit de citer les villes de Liége, de Gand, de Verviers, qui représentent Birmingham, Manchester et Leeds, Saint-Étienne, Mulhouse et Elbeuf, sans parler des industries spéciales domestiques, telles que la fabrication des dentelles, celle des toiles fines, le travail du bois et l'ensemble de toutes les autres productions qui figurent à l'Exposition universelle. La Belgique a connu de bonne heure l'esprit d'association, et ses établissements, fondés avec l'assistance de capitaux puissants, ont pu se développer avec succès pendant la longue carrière de paix dont l'Europe a joui depuis 1815. Ses grandes compagnies de charbonnage, ses fonderies de zinc et de fer, ses verreries, ses fabriques d'armes sont connues du monde entier.

C'est le peuple qui suit de plus près le développement de la fortune industrielle des nations les plus avancées, et qui sait leur dérober le secret de leurs progrès avec le plus de persévérance et d'habileté. La Belgique travaille surtout avec économie. La viabilité y est perfectionnée par terre et par eau, le charbon y abonde, le prix de la main-d'œuvre n'y est pas élevé, et les populations y sont robustes, intelligentes et infatigables. La Belgique ressemble à une fédération de villes anséatiques, où l'industrie aurait profité de la forte organisation des corporations anciennes et du bénéfice de toutes les libertés modernes. L'impulsion qu'elle a donnée à son agriculture n'a pas moins contribué au progrès de sa richesse que le succès de ses industries, et la Belgique est peut-être à cette heure le pays où la production reçoit de toutes parts l'élan le plus complet et le plus énergique. L'ensemble des produits qu'elle a exposés, et particulièrement ses dentelles, ses armes de pacotille, ses toiles de fil, se distinguent par leur bas prix, le plus bas qu'on puisse imaginer pour des œuvres pareilles.

Avec la Belgique finit la liste des peuples organisés pour la grande production industrielle. Tous les autres, y compris l'Espagne et l'Italie, la Russie même, sont surtout producteurs de matières premières ou d'articles créés par le travail manuel, sans le concours des machines, du moins sur une base de quelque importance. L'Espagne, représentée par près de 300 exposants, a envoyé une grande variété de produits minéraux ou métallurgiques, de matières premières végétales ou animales et quelques tissus de soie, de laine et de fil qui témoignent de son réveil manufacturier. La Catalogne n'a pas paru, soit défiance d'elle-même, soit indifférence ou mauvaise humeur. Mais, en dépit de l'absence d'une foule de productions espagnoles, il y a un fait certain, c'est le mouvement ascendant de la fortune publique dans ce beau pays sous les auspices de la réforme économique libérale qui s'y est opérée, comme en Allemagne et en Angleterre, quoique avec plus de timidité. Ainsi, nous pouvons affirmer que les fabriques de draps ont fait en Espagne de grands progrès ; ses manufactures de soieries, dont on voit à peine quelques échantillons au Palais de Cristal, se sont organisées depuis plusieurs années sur des bases nouvelles, nommément à Talavera et dans la province de Valence. Parmi les inventions récentes, on a remarqué un châle en blonde noire avec des fleurs en couleurs, curieuse innovation dans l'art de la dentelle, peut-être réprouvée par le goût, mais qui pourra devenir la source de quelques riches applications. On a vu également avec beaucoup d'intérêt des chapeaux de paille, façon d'Italie, de la plus belle exécution.

Mais les arts céramiques, assez avancés en Espagne, ses toiles de fil, ses papeteries, son orfévrerie, ses produits chimiques et même ses produits agricoles, n'étaient pas suffisamment représentés à Londres. L'un de nos honorables correspondants, M. Ramon de la Sagra, a essayé de combler cette lacune dans une notice intéressante dont il a fait hommage à l'Académie : il en ressort cette vérité consolante que partout où l'air de la liberté succède aux restrictions, on voit l'industrie reverdir et prospérer. L'Europe entière sait aujourd'hui ce qu'elle peut emprunter de richesses transformables à l'Espagne depuis les mines de mercure d'Almaden jusqu'à celles de plomb, d'étain, de fer et de soufre. Les soudes, les sels, les marbres, les vins, le riz, les fruits, les plantes tinctoriales, les laines, les huiles de cette contrée se répandront d'autant plus abondamment au dehors que l'Espagne ouvrira plus largement ses frontières aux importations destinées à les solder.

La Suisse devrait avoir le pas sur l'Espagne sous le point de vue manufacturier, si ce petit pays pouvait être comparé à la Péninsule pour l'étendue de son sol, la grandeur des souvenirs et la richesse territoriale; car il a brillé à l'Exposition par un caractère de simplicité originale et forte qui a excité une grande attention et qui la mérite. La Suisse, malgré la difficulté des communications due à sa configuration géographique, malgré l'absence de rivières navigables, a prouvé désormais tout ce que peuvent produire chez un peuple laborieux l'esprit d'économie, l'industrie patriarcale, la patience, le concours de toutes les forces domestiques au succès de l'œuvre commune. Malgré l'absence complète de protection et les obstacles naturels que nous avons cités, la Suisse est aujourd'hui le pays de l'Europe où l'on obtient certains produits de grande consommation aux prix les plus bas qui aient jamais été atteints. Les fabriques de soieries, tissus et rubans, qu'elle a établies à Zurich et à Bâle, ses mousselines brodées, son horlogerie ne redoutent aucune concurrence, et l'on construit sur les bords de ses lacs des machines à vapeur qui se vendent avec profit en Italie, en France et même en Allemagne.

La Suisse doit ce rare privilége à la fidèle observation des lois fondamentales de la production. Les capitaux y sont abondants, la division du travail y est très-observée sans être poussée à l'extrême, et la méthode anglaise des petits bénéfices incessamment répétés y favorise l'accroissement de la richesse au delà de toute expression. La vie simple et sévère des chefs de l'industrie, l'activité des ouvriers, leurs habitudes frugales et leur tendance persévérante à l'épargne permettent à ce peuple de faire tourner au profit de l'industrie jusqu'aux moindres parcelles de valeur qu'elle a créées. Il n'y a pas un centime disponible qui ne retourne, sous forme de capital, au travail; pas un travailleur, homme, femme ou enfant, qui fasse défaut au capital. La Suisse tire parti de tout : du bois de ses forêts, des chutes d'eau de ses torrents, de ses montagnes, de ses lacs, de ses curiosités, de ses auberges et même de la rigueur de ses hivers. Jusque dans les chalets perdus au sein des neiges, la nuit a ses heures utiles, toujours employées au travail, et quand leurs habitants n'ont pas de tissus à faire pour les adultes, ils fabriquent des jouets pour les enfants.

On a beaucoup remarqué, à l'Exposition de Londres, la disposition élégante et vraiment distinguée de leur étalage, organisé comme celui de Lyon et de

Mulhouse, d'une manière collective, qui fait ressortir l'importance des industries sans mettre en relief les industriels eux-mêmes. Ils ont compris que là, comme ailleurs, l'union faisait la force, et ils ont sacrifié leurs prétentions personnelles à l'honneur industriel de leur pays. La Suisse est, en ce moment, un sujet d'études plein d'intérêt pour les économistes, et un exemple frappant de ce que peut l'esprit d'ordre et d'économie dans les plus humbles ménages et dans les plus petites contrées.

L'Italie, toute vouée aux arts, s'est fait représenter par le Piémont, la Toscane, la Lombardie et les États du Pape. Naples et la Sicile n'ont rien envoyé. Les produits de la Péninsule n'appartiennent pas à la catégorie des articles manufacturés dans les arsenaux industriels de France et d'Angleterre. L'Italie n'a pas de questions sociales à résoudre de ce côté ; on y compte peu de grands ateliers et peu de machines. Les soies et les soieries composent le fond de son exposition, et je dois dire en passant que la ville de Gênes s'y est distinguée par des velours de la plus admirable beauté. Quelques belles mosaïques, de riches incrustations sur bois, dont plusieurs très-remarquables, exposées par la ville de Nice, des huiles de première qualité, d'excellents produits chimiques envoyés par la Toscane, du fer de l'île d'Elbe, plusieurs instruments de musique parfaitement exécutés, de fort beaux modèles anatomiques en cire et de gracieux spécimens de sculpture artistique et industrielle: tel est l'assemblage des objets venus de l'Italie à l'Exposition universelle et dont la Toscane a fourni les principaux éléments. Le reste a figuré sous le pavillon de l'Autriche et du gouvernement pontifical.

L'Italie, profondément troublée dans ces derniers temps, n'en a pas moins prouvé sa vitalité industrielle, qui tend à s'accroître sous le régime économique libéral inauguré en Piémont par le gouvernement sarde. Cette noble terre des arts et des sciences se rattache, au travers de ses agitations même, au mouvement de régénération qui emporte les grands peuples de l'Europe. L'ère du travail semble vouloir y renaître comme aux jours de gloire de ses villes libres et puissantes du moyen âge. La navigation à vapeur et les chemins de fer y rétablissent peu à peu les éléments de la richesse publique. L'agriculture se ranime au souffle inspirateur des grands exemples donnés par l'Angleterre et par l'Allemagne. Les populations perdent leurs habitudes de contemplation et de fainéantise, et l'esprit d'entreprise commence à pénétrer jusque dans les provinces les plus arriérées. La contribution fournie par les divers contingents italiens, quoique modeste, est un témoignage certain du réveil de l'industrie et une espérance pour son avenir.

Nous en dirons autant de la Turquie, représentée par une véritable encyclopédie de produits, exposés en masse au nom du gouvernement ottoman, sans

désignation de noms propres autres que ceux de pro-
venance. Cette brillante collection, distribuée avec un
ordre et un goût qui font le plus grand honneur à ses
ordonnateurs, se compose de plus de trois mille
échantillons de matières premières, textiles, médicinales ou tinctoriales, extrêmement remarquables par
leur variété, leur qualité, et quelques-uns par leur
nouveauté. L'orthodoxie musulmane n'a pas empêché
les commissaires d'y joindre vingt-deux variétés de
vins de la Syrie et de l'Asie-Mineure, dont nous sup-
posons la concurrence peu à craindre pour nos vigno-
bles. Enfin, de cette masse considérable de produits
naturels, la Turquie a exposé environ douze cents
articles manufacturés, comprenant des soieries pures
ou mélangées de coton, des voiles, des ceintures, de
la bonneterie, des vêtements de femme depuis le plus
intime jusqu'au plus extérieur, des draps brodés d'or,
des étoffes en poil de chèvre, des damas pour meubles, des selles, des châles, des mousselines pour
turbans, des costumes d'apparat, des peaux ouvrées,
et une riche variété d'ustensiles de cuisine, de poteries, d'armes, de pipes et de quincaillerie formant le
musée domestique le plus capable de faire apprécier
l'état matériel de la civilisation dans le Levant.

Il est évident que l'Orient se transforme et que ce
pays est en voie de retrouver les sources primitives de
son ancienne richesse. Si l'on en juge par les envois
qu'il a faits à l'Exposition universelle, l'Europe ne

saurait accorder trop d'attention à ce foyer de production d'une foule de matières premières indispensables à ses fabriques et à plusieurs produits spéciaux exécutés avec autant de solidité que d'économie. C'est ainsi que, grâce au bon marché des laines, des substances tinctoriales et de la main-d'œuvre, la Turquie est parvenue à donner une impulsion immense à la fabrication des tapis de Smyrne, dont il se fait aujourd'hui une consommation très-importante en Angleterre. Ces tapis veloutés qui durent cinquante ans ont pénétré dans la Grande-Bretagne depuis la réforme économique, et, loin de nuire aux tapis anglais, qui sont légers et peu solides, ils en ont activé la fabrication en répandant le goût de cet utile ameublement jusque dans les auberges de village. C'est même un fait assez curieux que la Turquie et l'Angleterre soient en ce moment les deux contrées de l'Europe où l'on consomme le plus de tapis. Que sera-ce quand la production des laines d'Australie aura atteint le maximum auquel elle paraît tendre?

L'Égypte et Tunis, provinces vassales de l'Empire, ont envoyé aussi leur tribut au Palais de Cristal. Ces envois consistent surtout en produits naturels, au nombre de 3 ou 400, comprenant le riz, le coton, le sésame, l'opium, le tabac, des essences de toute sorte, des céréales, des légumes, sans désignation d'origine locale. Mais la collection égyptienne n'a pas la même valeur que celle de Turquie, et elle semble plutôt une réponse officielle, courte et sèche, au programme de la métropole, qu'un exposé complet de la richesse du bassin du Nil. Tunis semble y avoir mis plus de grâce et avoir pris l'Exposition plus au sérieux. Ses envois ont un caractère d'originalité et de simplicité tout à fait oriental. Ces tentes en poil de chameau, meublées de peaux de lion et de chacal; ces selles colossales, hérissées d'éperons pareils à des baïonnettes, brodées d'or et de pierreries; ces vases pleins d'essences odorantes; ces herbes médicinales douteuses; ces peaux d'autruche mal préparées; ces ustensiles de fer misérables; ce luxe et cette indigence en disent plus que ne feraient de longues pages d'histoire économique, et cependant on voit poindre au travers de ces contrastes un rayon de civilisation. Alger opère déjà sur Tunis, et l'Orient sort de la brume à vue d'œil.

Le Danemark et la Suède n'ont pas exposé plus de cent articles, consistant principalement, pour la Suède, en produits de ses mines de fer, en canons de fusil, limes et tapis, aciers polis, quincaillerie de toute espèce; et pour le Danemark, en instruments de précision, exécutés avec beaucoup de soin et à bas prix, spécimens de poterie du Jutland, objets de peausserie, plateaux vernis, toiles cirées, etc. On ne saurait juger de la puissance productive de ces deux contrées par un aussi petit nombre d'articles; mais ce qu'on sait, c'est que là, comme en Suisse, il existe des habitudes de frugalité et d'économie qui permettent à l'ouvrier de travailler à bas prix, sans dommage pour son existence et à l'abri des besoins souvent factices de nos latitudes méridionales. La nourriture, le vêtement, le logement de l'homme n'y coûtent presque rien, et la rigueur même du climat l'endurcit à des fatigues ou à des privations que nos populations ne sauraient affronter.

Tout près de l'exposition suédoise et danoise figuraient les produits des États-Unis de l'Amérique du Nord et ceux de l'empire russe, ces deux grandes puissances de l'avenir. C'est par pure courtoisie, sans doute, qu'elles ont pris au grand concours des industries la modeste part que chacun sait. On se ferait une idée fort inexacte de la production des Américains et des Russes, si on les jugeait par leur part de contribution à Londres. Cinq cent cinquante exposants à peine représentaient les États-Unis. Le caractère de leurs produits est la simplicité, la rusticité, quelquefois la grossièreté même. On sent partout le peuple pionnier, rien qu'à la vue de ces lourdes haches, de ces charrues, de ces instruments agricoles plus remarquables par la force que par la commodité; beaucoup de substances naturelles, alimentaires et tinctoriales, des bois en quantité immense, beaucoup de modèles de barques en écorces légères, de ponts suspendus, des ustensiles de voyage, des traîneaux, des peaux, de la verrerie commune, des carabines à longue portée, tout ce qui est nécessaire à une rude société qui a commencé au sein des forêts, au bord des lacs et des grands fleuves.

En tout ce qui touche aux industries d'art et de goût, les Américains des États-Unis n'ont pas été heureux. Leurs pianos sont aussi lourds et aussi disgracieux que leurs meubles d'acajou. Leurs tissus témoignent de l'état peu avancé de la fabrication parmi eux. Leurs toiles peintes, leurs draps sont indéfinissables. Leurs cartes géographiques, leurs reliures, semblent appartenir aux premiers temps de l'art. Ils ont envoyé, en même temps que des échantillons de minéraux et de machines, une foule d'épreuves daguerréotypiques assez bien réussies, des pontons en caoutchouc, des articles de modes, de la chapellerie, des perruques, des ouvrages en cheveux, de la poudre à nettoyer les dents. Le fort et le bizarre, les utilités et les futilités semblent y occuper le même rang dans leur estime ; on trouve dans leur exposition des fusils à quatre coups, des monceaux de pistolets à dix coups, presque ridicules, et des collections d'épis de maïs, de céréales, de végétaux de toute espèce, de la plus riche venue. Quelques personnes ont été jusqu'à croire que l'exhibition américaine était une épigramme : ce qui est certain, c'est qu'elle ne saurait donner une juste idée du développement gigantesque de ce peuple, qui travaille à la manière de Michel-Ange plutôt que de l'Albane, et qui ne s'attaque plus qu'aux fleuves, aux montagnes et aux grands obstacles de la nature, comme aux seuls adversaires dignes de lui.

Les Russes, venus tard par suite des difficultés de la navigation printanière dans la Baltique, ont payé un tribut plus sérieux que les Américains du Nord à la fête commune de toutes les industries. On a remarqué tout d'abord leurs belles pierres en malachite, leurs riches fourrures, leurs cuirs odorants, leurs beaux échantillons ouvrés de cuivre et de fer, et la collection de leurs chanvres qui complètent, sur tous les marchés de l'Europe, les déficits annuels de cette plante textile. L'Empereur a voulu contribuer pour sa part, en envoyant de magnifiques vases de porcelaine de ses fabriques impériales. Plusieurs étoffes de coton, de laine et de soie, témoignent aussi du mouvement imprimé à la production. Dans ce vaste empire, où le génie de l'industrie bouillonne encore mystérieusement comme au fond d'un volcan, tout prêt à faire explosion quand le moment sera venu, la science économique ne connaît que par de vagues appréciations l'intensité de ce mouvement formidable. Elle sait que tous les ans il sort des flancs de l'Oural et des mines de la Sibérie des masses considérables d'or, de platine, de fer et de cuivre; elle connaît à peu près l'importance des exportations de blé, de chanvre, de bois, de goudron, de suif qui viennent de cette terre féconde et sévère, où les neiges glacées, en aplanissant les routes, ont devancé les chemins de fer; mais les conditions du travail y sont encore peu connues, et ne le seront pas de longtemps.

Tel est, messieurs, le caractère général des principales nations qui ont figuré au concours des ouvriers du monde entier. Elles semblent s'être groupées autour des deux peuples qui ont l'insigne honneur de se partager la direction intellectuelle et matérielle de tous les autres, ou tout au moins de leur servir d'exemple et de flambeau. La France et l'Angleterre règnent, en effet, dans les deux hémisphères, en dépit de l'ascension des deux astres brillants qui se lèvent à côté d'elles, et qui pèseront quelque jour peut-être d'un si grand poids sur les destinées de leurs industries, aujourd'hui sans rivales. L'Exposition de 1851, en soulevant à demi les voiles de l'avenir, aura du moins fait comprendre les plus urgentes nécessités du présent. Chacun sait désormais que le plus sûr moyen d'accroître la richesse publique est de favoriser l'importation des matières premières du travail et le bon marché des aliments du travailleur. Ce n'est point par l'éclat et le luxe des produits que les nations prospèrent, c'est par l'abondante circulation des objets d'utilité commune.

Lorsqu'on étudie les détails de la production de tant de peuples divers, tels qu'ils se révèlent par leurs produits mêmes et par les conditions auxquelles ces peuples les ont obtenus, on demeure frappé de la simplicité et de l'inflexibilité des lois économiques qui les régissent, malgré tant de variété dans leurs aptitudes, dans leurs climats, dans leurs situations géographiques, dans leurs gouvernements politiques. Quelles que soient les formes et les exigences de ces gouvernements, pourvu que les lois fondamentales du travail soient respectées, la prospérité matérielle se développe sans relâche; elle dépérit ou languit quand ces lois sont méconnues ou entravées dans leurs applications.

Ces lois, messieurs, sont parfaitement claires aujourd'hui, et la question des prix, qui est la grande question de l'industrie, dépend plus étroitement qu'on ne pense de leur stricte observation. Au travers des phases nombreuses que le travail a parcourues dans le monde, au plus fort de la lutte qui s'est élevée dans ces derniers temps entre les théories des économistes et la pratique des hommes d'État, un fait est demeuré constant et immuable, et ce fait a été mis hors de doute par les résultats constatés à l'Exposition universelle : c'est que nul peuple ne saurait prétendre à un avenir industriel, s'il ne marche d'un pas ferme et continu vers l'abaissement des frais de production et l'amélioration du sort des producteurs. Il y a dans la vie des peuples une période plus ou moins longue durant laquelle ce but peut être atteint par la concurrence intérieure, limitée elle-même par la consommation nationale, qui lui sert d'encouragement et de débouché; mais vienne le jour où ce marché ne suffit plus à un peuple et nécessite son expansion au dehors, aussitôt sa persistance dans les errements d'un autre

âge entraîne les conséquences les plus désastreuses,
les engorgements, les crises, le malaise social, les
révolutions.

Sans entrer ici dans des détails de chiffres, nous
pouvons affirmer, avec la certitude de n'être démenti
par aucune exception, que la supériorité générale ou
spéciale, absolue ou relative, de toutes les nations
qui ont paru à l'Exposition universelle, s'est manifestée particulièrement dans les prix des objets de
grande manufacture. Ainsi, l'Angleterre empruntait
naguère beaucoup de produits chimiques à la France
et à l'Allemagne : ces produits, elle les tire aujourd'hui de ses propres usines et à des prix sensiblement
moins élevés que ceux d'Allemagne et de France. Nos
chimistes en ont été surpris dans le jury mixte appelé
à prononcer sur le mérite du peuple concurrent. D'où
vient cet abaissement des prix, si soudain, si considérable pour certains articles, pour les prussiates de
potasse, par exemple, et si général pour les autres?
L'Autriche est en voie de nous ravir le placement des
châles communs qui faisaient la fortune de Nîmes :
quelle est la cause de ces revirements? Pourquoi
notre coutellerie ne l'emporte-t-elle pas sur celle des
Anglais? pourquoi les faulx de Styrie se vendent-elles
moins cher que les nôtres? pourquoi la ville de Zurich
envoie-t-elle des machines à vapeur jusque sur les
bords du Rhône, en dépit des frais de transport, des
droits d'entrée et de tous les autres obstacles?

24.

Si nous avions à présenter à l'Académie autre chose qu'un rapport, j'ai presque dit un inventaire résumé des produits exposés au Palais de Cristal, nous n'aurions pas de peine à faire l'analyse de ces prix, et nous retrouverions toujours les hauts prix à la suite d'une entrave et les bas prix à la suite d'une liberté. L'Espagne, l'Allemagne, la Belgique, le Zollverein nous en offriraient mille exemples ; aucun peuple ne fournirait une seule exception. Les prix de revient se sont abaissés en Allemagne depuis l'abaissement des droits dans toute l'étendue du *Zollverein*. Le même phénomène s'est reproduit en Espagne avec la même fidélité, sous la même influence ; en Angleterre, où la réforme a été plus radicale, c'est-à-dire plus conforme aux principes, les effets ont été encore plus concluants. A cette cause dominante de l'adoucissement des taxes, il convient d'ajouter sans doute les perfectionnements industriels et scientifiques, l'amélioration des institutions de crédit, les habitudes et l'instruction plus avancée des classes ouvrières ; mais le point de départ est le même, et dût un peuple acquérir tous ces avantages, s'il lui manque le premier de tous, celui de la liberté relative des transactions et des taxes modérées, tous les autres seront frappés d'impuissance ou d'amoindrissement.

La France en a été un exemple remarquable au plus fort des succès qu'elle vient d'obtenir cette année à l'Exposition de Londres. Jamais peut-être ses industries

n'avaient brillé d'un plus vif éclat; jamais les peuples
ne lui avaient décerné avec plus d'unanimité la palme
du goût. Mais quand il a fallu descendre au fond des
choses et supputer le prix de tant d'articles admirables, la vérité n'a pas tardé à se faire jour, et nous
avons appris à connaître ce que nous coûtait notre
victoire. Le fait dominant et caractéristique de notre
situation et de toute l'Exposition a été celui-ci : « L'An-
» gleterre l'emporte sur tous les peuples, et beaucoup
» de peuples l'emportent sur nous par *le bas prix* des
» articles fabriqués à l'aide des machines, tels que la
» filature et le tissage de coton, la filature et le tissage
» du lin, la filature et le tissage de la laine, en un mot
» sur tout ce qui comporte une production mécanique
» obligée d'opérer en grandes masses et qui nécessite
» d'immenses débouchés. Ce sont précisément les in-
» dustries où les salaires des ouvriers sont les plus
» faibles et les chances de crises les plus fréquentes.
» La France, au contraire, règne en souveraine, soit
» par le bas prix, soit par la qualité, dans tout ce qui
» dépend de la production individuelle, réglée, con-
» tenue, où la concurrence est moins vive et les sa-
» laires plus élevés. »

La véritable prospérité de notre pays est donc celle
qui repose sur le développement progressif de ses industries naturelles, c'est-à-dire de presque tous les
arts sur lesquels l'habileté de la main et la pureté du
goût peuvent exercer leur influence. La France fa-

brique les plus beaux meubles, les bronzes les plus artistiques et en même temps les plus *marchands* qui soient au monde; ses étoffes de soie, ses toiles peintes, ses cristaux, ses cuirs, ses peaux, ses chaussures, ses dentelles, ses châles, ses instruments de précision, ses papiers peints, son orfévrerie, sa tabletterie, ses vins, ses fruits, ses tissus mélangés, tous ses articles de Paris, de Lyon, de Rouen, de Mulhouse, de Reims, d'Amiens, de Nîmes, d'Avignon, sont universellement recherchés. Personne ne l'emporte là sur nous, ni pour le bon marché, ni pour l'élégance, et quand, par suite des complications de notre organisation économique, les prix de quelques-uns de ces produits sont plus élevés que ceux de nos rivaux, l'exquise habileté de nos ouvriers compense la différence et leur assure un prix de monopole qui en est la juste récompense.

Toutes ces industries-là, messieurs, n'ont besoin que d'air et de lumière. Elles ne demandent que le droit commun; c'est à elles seules que la France doit le rang qu'elle a conquis cette année à l'Exposition universelle. Elles sont vraiment démocratiques, dans le sens le plus honorable du mot; elles composent le fond de notre puissance industrielle et elles reposent sur la base impérissable du sol et du génie national, au lieu de vivre de régime et d'artifices comme celles qui sont aux ordres des machines et dans la dépendance plus absolue des capitaux. C'est cette brillante

pléiade qui a fait notre gloire dans la lutte pacifique
dont l'Europe a suivi toutes les phases avec un si vif
intérêt ; c'est elle qui produit le mieux, à meilleur
marché pour le consommateur, à de meilleures conditions pour l'ouvrier ; c'est son règne qui approche,
qui commence : croyons-en les suffrages du monde
entier et attendons avec confiance les conséquences de
cette épreuve mémorable.

DISTRIBUTION
DES RÉCOMPENSES.

———

L'Exposition universelle s'est terminée comme elle s'est ouverte, avec une ponctualité toute royale, sous les auspices du sentiment vraiment religieux qui l'a inspirée et protégée du premier au dernier jour. J'ai assisté à la séance d'ouverture, un des plus nobles spectacles qu'il ait été donné aux hommes de voir : c'est pour cette séance que la reine d'Angleterre avait réservé la faveur de sa présence officielle. Elle a reçu avec sa grâce et sa dignité accoutumées tous ses hôtes, mais elle n'a pas cru devoir prendre congé d'eux : il en aurait manqué à cette heure un trop grand nombre. Quiconque a pu contempler dans sa splendide simplicité ce mémorable *festival* de l'ouverture, pour me servir de l'expression anglaise consacrée, ne l'oubliera jamais. C'était une de ces fêtes comme on n'en saurait espérer désormais dans les pays *où le sentiment du respect* s'est évanoui comme un songe, depuis qu'on a substitué le culte des multitudes à celui de la grandeur.

Vous tous, qui que vous soyez, concitoyens, qui avez détruit parmi nous ce vieux culte, sans savoir aujourd'hui par quelle croyance remplacer la foi des peuples qui s'égare, dites, la main sur la conscience, si vous avez jamais vu spectacle plus imposant et *plus pénétrant* que celui de cette reine, de cette femme qui commande à tant de millions d'hommes libres, accueillie ce jour-là par les acclamations unanimes de tout un peuple, et suivie des représentants du monde entier, convoqués dans son île ! Quelle merveilleuse tranquillité ! quel ordre magnifique sans soldats, quelle affluence sans cohue ! et dans l'enceinte du merveilleux édifice, ouvrage d'un simple jardinier qui avait fait prévaloir son projet à la dernière heure, sur ceux des plus grands architectes, quel majestueux recueillement ! quel profond respect pour la hiérarchie ! quel enthousiasme religieux, sévère et contenu ! Je ne crois pas qu'il y ait eu un seul homme ce jour-là dont le cœur n'ait battu d'espérance et d'émotion à l'aspect de cette inauguration triomphale de l'Ère du travail dans le monde !

Sachons rendre justice à qui la mérite : Les Anglais ont tenu tout ce qu'ils avaient promis. Aucun incident fàcheux, même de ceux que la prudence humaine ne saurait prévoir, n'a attristé ces réunions quotidiennes de cinquante à soixante mille hommes. Pendant plus de cinq mois, cette marée de peuples n'a cessé de monter et de descendre avec la majesté des flots de la mer, sans qu'il y ait eu une rixe, une insulte, une infraction à l'ordre. Dans une

ville de plus de deux millions d'hommes, il a suffi de
quelques pacifiques agents de police pour parer à
toutes les éventualités; tandis qu'il faut une armée de
cent mille braves soldats pour le maintien de la paix
dans les rues de Paris. C'est que la paix est dans les
esprits en Angleterre; elle est dans toutes les tendances, dans toutes les aspirations de ce peuple, où
les tempêtes s'apaisent comme par enchantement,
sitôt qu'on prononce quelque part ces magiques paroles : *Order! order!* l'ordre! l'ordre! — Où l'ordre
est-il parmi nous?

Nous avions donc autre chose que des produits à
étudier en Angleterre; nous avions de bons exemples
à emprunter, et je ne doute point qu'ils ne nous profitent. Les Anglais se sont montrés aussi hospitaliers,
sinon aussi empressés que nous-mêmes, et malgré le
débordement de clameurs qui a suivi la distribution
des médailles, autant parmi eux que parmi nous, j'ai
la conviction qu'ils ont agi avec toute l'impartialité dési-
rable, et que justice a été faite. Le parti qu'ils ont pris
de ne pas admettre de classement parmi les industries
et parmi les industriels, était peut-être indispensable
pour ne point écraser les faibles et les absents. Ces
classements *amphictyoniques* auraient-ils été justes
une fois qu'ils auraient cessé de l'être dans une période de temps plus ou moins rapprochée, et il y aurait eu de graves inconvénients à subalterniser ainsi,
non plus des individus, mais des nations, par un sim-

ple jugement des plus forts. Ce peuple d'aristocrates a donc montré un véritable esprit démocratique dans le sens honorable du mot, en n'accordant qu'une sorte de médailles ; car celles qui portent le nom de *médailles du conseil* ou de première classe ne sont en réalité que des politesses de nation à nation, ou des récompenses hors ligne pour des produits d'art ou sans rivaux. Ainsi la chambre de commerce de Lyon, le pacha d'Égypte, la compagnie des Indes, le ministère français de la guerre pour l'Algérie, le bey de Tunis, le gouvernement turc, le gouvernement espagnol, Sèvres, les Gobelins, le prince Albert lui-même, ont obtenu des médailles de première classe, qui ne sauraient porter ombrage à aucune industrie.

A quelques exceptions près, les véritables médailles sont celles de second ordre, *prize medals,* les médailles-récompenses, comme les ont justement appelées les Anglais. De celles-ci, près de 3,000 ont été décernées, tandis qu'on n'a accordé que 170 ou 172 des premières, qui ont fait tant de jaloux et tant de mécontents. Peut-être eût-il mieux valu n'accorder réellement les médailles de première classe qu'à titre honorifique, et dans ce cas ne pas confondre avec ces témoignages de déférence presque diplomatiques les récompenses purement industrielles : on aurait ainsi évité beaucoup de récriminations et quelques justes plaintes. A tout prendre, néanmoins, le jury international a fait plus d'omissions qu'il n'a commis d'erreurs; mais la plupart de ces omissions sont regrettables. Il y a eu, en ce qui concerne la France, quelques noms honorables méconnus, oubliés, je ne sais par la faute de qui. Le directeur de la belle papeterie d'Essonne, M. Gratiot, qui à la dernière exposition française avait eu la décoration de la Légion d'honneur, n'a pas même été nommé! Le premier fabricant de rubans de Paris, M. Tuvée, qui a donné à cette belle industrie de Saint-Étienne l'impulsion du goût parisien, n'a pas été nommé non plus. M. Violard, le plus ingénieux et le plus infatigable propagateur de l'industrie des dentelles, a été passé sous silence. M. Patriau, de Reims, qui a naturalisé et perfectionné en France l'industrie des *piqués*, a partagé pour cet article le sort de beaucoup de notabilités de la fabrique. Ces omissions sont inexplicables.

Mais les plus graves erreurs du jury mixte, celles qui ont donné lieu aux reproches les plus légitimes, sont les décisions qui peuvent sembler une atteinte dirigée contre les droits incontestables de la maison Paturle et Ce, la première de l'Europe pour la fabrication des mérinos; contre M. Charrière, le premier fabricant d'instruments de chirurgie, homme de génie dans son art; contre la ville de Mulhouse, qui ne méritait pas moins la première médaille pour ses impressions que Lyon pour ses soieries. En un mot, il y a eu quelques plaintes fondées; mais les compensations n'ont pas manqué non plus. Dans les trois derniers jours de l'Exposition, la partie française a été littéralement envahie, et les articles les plus importants ont été enlevés. Un très-grand nombre d'exposants ont vendu leurs produits ; d'autres ont obtenu des commandes considérables, et la France a recueilli après tant de suffrages, le plus significatif de tous en affaires, celui des acheteurs.

Nous terminerons ces considérations par le résumé général des récompenses, qui fera connaître la part numérique obtenue par la France, et particulièrement la répartition tant contestée des grandes médailles. Il y a un fait constant qui ressort de ces comparaisons, c'est que la France, pour moins de 1,800 exposants, a obtenu 56 grandes médailles, 638 médailles ordinaires et 365 mentions honorables, soit 1,059 nominations ; tandis que l'Angleterre, sur près de 9,000 exposants, n'a compté que 2,265 récompenses, et le reste du monde exposant, 1,871. La part proportionnelle de la France, dans ce concours mémorable, est donc de beaucoup la plus forte, et l'on a peine à concilier avec cette déclaration officielle de victoire, qui semble encore à quelques-uns un déni de justice, les doléances en vertu desquelles certains fabricants indignés de n'être *pas assez* reconnus les plus forts, réclament pour leurs industries des tarifs et des prohibitions, comme si elles étaient encore dans l'enfance. Mais ces contradictions s'expliqueront un jour, et nous ne les discuterons point ici, au moment où il ne doit s'élever de la grande arène ouverte au génie industriel des peuples, qu'un concert de reconnaissance et des paroles d'encouragement.

LISTE

DES GRANDES MÉDAILLES

ACCORDÉES A LA FRANCE.

ANDRÉ (J.-P.-V.), fontaine en fonte de fer exposée dans la nef, et modèle de fontaine à l'alligator et aux poissons.

AUBANEL (J.), animaux en bronze et porte en fonte de fer doré.

BARBEDIENNE et Cie, bronzes d'après les anciens maîtres, procédés de réduction pour la sculpture, bibliothèque en ébène.

BÉRARD et Cie, houille épurée.

BOURDON (E.), manomètres et baromètres.

BURON, télescopes et bas prix des télescopes, etc.

CAIL et Cie, appareil pour cuire le sucre dans le vide.

CHAMBRE DE COMMERCE DE LYON, collection de soieries montrant les progrès accomplis par la manufacture de Lyon dans l'industrie du tissage de la soie.

CONSTANTIN, fleurs artificielles.

DARBLAY, échantillon de farine de froment et procédé perfectionné pour la mouture du grain.

DELEUIL (L.-J.), balances et machines pneumatiques.

DÉLICOURT (E.), papiers peints.

DE MILLY, acide et bougie stéarique.

DENEIROUSE (EUG.), **BOISGLARY** et Cie, découverte d'un nouveau procédé très-important pour l'exécution des dessins de fabrique compliqués.

DÉPÔT DE LA GUERRE, grande carte topographique de la France.

DUBOSQ-SOLEIL (J.), saccharimètre, appareil à polariser la lumière, télescopes Bravais, héliostat de Silbermann.

DUCROQUET (P.-A.), application du levier pneumatique à un orgue d'église.

ÉCOLE DES MINES, carte géologique de la France.

ERARD (P.), action mécanique appliquée au piano et harpe par un procédé particulier.

ESTIVANT frères, planches en cuivre.

FOURDINOIS (A.-G.), buffet.

FROMENT (G.), théodolite et mètre divisé.

FROMENT-MEURICE, milieu de table représentant le globe entouré de divinités.

FROMONT et fils, turbine double.

GOBELINS (MANUFACTURE DE TAPISSERIE DES), invention du cercle chromatique pour la teinture des tapisseries; beauté et originalité des dessins et perfection extraordinaire d'exécution de la plupart des produits exposés.

GRAR (NUMA) et Cⁱᵉ, échantillons de sucre de betterave.

GRAUX (J.-L.) DE MAUCHAMP, production d'une nouvelle et utile variété de laine.

GRENET (L.-F.), gélatine incolore et inodore.

GUEYTON (A.), pour la variété de ses produits et sa galvano-plastie.

GUIMET (J.-B.), bleu d'outremer.

HERMAN et Cⁱᵉ, appareil pour cuire le sucre dans le vide.

JAPY frères, mouvements d'horlogerie fabriqués par des machines, à un prix très-inférieur et d'une qualité égale aux autres mouvements.

LEMONNIER (G.), goût remarquable déployé dans la parure destinée à la reine d'Espagne.

LIÉNARD (M.-J.), pendule en bois sculpté.

MAES, application d'un nouveau procédé chimique à la fabrication du verre.

MARTINS (F.), talbotypes sur verre par le procédé albumineux.

MARREL frères, petits articles, tels que cachets, tabatières, etc.

MASSON (E.), légumes conservés.

MATIFAT (C.-S.), sujets originaux en bronze.

MERCIER et Cⁱᵉ, machine pour carder et filer la laine.

MINISTÈRE DE LA GUERRE, pour la part qu'il a prise à l'exposition de la classe n° IV, provenant de l'Algérie.

MINISTÈRE DE LA MARINE, plans et cartes hydrographiques de la France, de la Corse, de l'Algérie et de l'Afrique.

25.

POPELIN.-DUCARRE, pour son nouveau procédé de fabrication économique du charbon avec les petites branches d'arbre et les plantes annuelles.

PRADIER (J.), statue de Phryné.

PRAT et AGAR, produits obtenus des eaux des salines par un nouveau procédé.

QUENESSEN, creusets en platine à longs tubes sans soudure.

RISLER et fils, machine dite *dépurateur*, pour nettoyer le coton et le préparer pour la filature.

RUDOLPHI (J.-F.), collection de joyaux et de bijoux d'un goût très-remarquable.

SAX et Cie, invention de plusieurs séries de nouveaux instruments en bois et en cuivre.

SERVET, HAMOIR-DUQUESNE et Cie, spiritueux et autres produits obtenus de la mélasse.

SÈVRES (MANUFACTURE DE), bonne qualité générale de ses porcelaines.

TAURINES, dynamomètre.

VEDY, baromètre anéroïde.

VITTOZ, excellence de ses bronzes dorés.

VUILLAUME (J.-H.), nouveau mode de fabrication des violons évitant l'inconvénient de les garder plus ou moins longtemps pour qu'ils atteignent toute la sonorité et les qualités dont ils sont susceptibles.

WAGNER neveu, horloge à mouvement continu, télescopes de voyage et collections d'horloges remarquables par une grande fertilité d'inventions.

MÉDAILLES-RÉCOMPENSES

DITES DE SECONDE CLASSE.

PREMIÈRE SECTION.

Mines et produits des mines.

BAUDRY (A.), acier.

COLIN (J.-R.), granit poli et serpentine.

DERVILLÉ et Cie, marbres.

DEYEUX, creusets.

GALLICHER et Cie, fer du Berri.

GANDILLOT et Cie, tubes de fer.

GROULT et Cie, tubes de cuivre.

GUEUVIN, BOUCHON et Cie, meules à moulin.
MÉHU (J.-M.-F.), appareils pour mines.
POULET (J.-F.), plomb filé.

DEUXIÈME SECTION.

Produits chimiques et pharmaceutiques.

CHAMBRE DE COMMERCE D'AVIGNON, garancine.
BOBÉE (Mme veuve) et LEMIRE, acides acétiques, etc.
COMPAGNIE DES MINES DE BOUXVILLER, prussiate de potasse, etc.
GERCEUIL (L.-F.), teinture sur bourre.
COLVILLE (Mlle Anna), couleurs pour peinture sur porcelaine.
CONRAD, WILLIAM, préparations chimiques.
COURNERIE et Cie, iodine, etc.
COURTIAL, bleu d'outremer.
DE CAVAILLON, sels d'ammoniaque.
DROUIN et BROSSIER, couleurs pour peinture.
FOUCHÉ-LEPELLETIER, produits chimiques.
KUHLMANN frères, produits chimiques.
LEFEBVRE (T.) et Cie, blanc de plomb.
LEROUX, salicine.
MEISSONNIER (Charles), produits chimiques.
MÉNIER et Cie, extraits pharmaceutiques.
MICHEL (A.), extraits, bois pour teinture.
MOREAU (A.), produits de la distillation du bitume.
SOREL, oxyde de zinc.
ZUBER (J.) et Cie, bleu d'outremer.

TROISIÈME SECTION.

Substances alimentaires.

BAZIN aîné, collection de produits agricoles, etc.
CABANES et RAMBIÉ, farine.
CHEVET jeune, conserves alimentaires.
CRESPEL-DELISSE (T.), sucre raffiné.
DAMAINVILLE, ruches artificielles.
DE BEAUVOYS (Ch.), ruche système Hubert.
DE SANDOVAL et Cie, chocolats.
EÉRY (A.), riz des landes de Bordeaux.
FEYEUX (N.-D.-M.), fécules et substances similaires.
GUIPÉRY-DESLANDELLES et Cie, conserves alimentaires.
JEANTI, PRÉVOST, PERRAUD et Cie, sucre de betterave.
LEPELLETIER (Algérie), froment.
MAGNIN (J.-V.), pâtes alimentaires.
MAILLE et SECOND, vinaigre aromatique.

PERRON (E.), chocolat.

ROUSSEAU frères, sucre de betterave.

TURPIN (F.-A.), chocolat.

VÉRON frères, gluten granulé.

WATRELOT-DELESPAUL, chocolat.

QUATRIÈME SECTION.

Substances animales et végétales destinées aux manufactures.

ALCAN, soie.

ARDUIN et CHANCEL, soie.

AVERSENG-DELORME et C^{io} (Algérie), fibres de palmier.

BEAUVAIS (C.), soie.

BELLEVILLE, amidon.

BESNARD, RICHON, GENEST, chanvre.

BOUCHERIE (A.-G.), soie.

BOUDON (L.), soie.

BRONNO BRONSKI (le major comte de), soie.

CASTELLE, gélatines.

CHAMPANHET-SARGENT (J.), soie.

CHUFFART (Algérie), cotons.

COLLAS (M.-A.-C.), huiles, essences, etc.

CURTET jeune (Algérie), collection d'huiles.

DE GÉMINY, huile de coton.

DE TILLANCOURT, soie.

DUMORTIER, lin.

DUPRÉ DE SAINT-MAUR (Algérie), cotons.

DUVAL (A.), soie.

GIBELIN et fils, soie.

GIROD (de l'Ain) [le général], laine.

HARDY (A.) [Algérie], coton.

HARO (E.-J.), huiles essentielles, etc.

HUGUES jeune, huiles essentielles.

JAMES BIANCHI et DUSEIGNEUR, soie.

JOUBERT BONNAIRE et Cie, chanvre.

LAILLER (E.-H.), lin.

LAINÉ, LAROCHE et M. RICHARD, chanvre.

LAPEYRE, soie.

LAZARE et LACROIX, couleurs pour teinture.

LECLERC frères, chanvre et lin.

LEFÈVRE (Elysée), laine.

MENNEVILLE et ROBERT, soie.

MERCURIN (H.-J.) [Algérie], huiles.

MÉRO (C.-H.), huiles essentielles.

MOLINES (L.), soie.

MONTIGNY (Algérie), teinture.
MORIN (Algérie), cotons.
MOTTET (C.), teinture.
PÉLISSIER (Algérie', cotons.
RAMBOUILLET (bergerie nationale de), laine.
REGARD frères , soie.
RICHER (F.), laine.
ROUXEL (F.), lin.
RUAS et Cie, soie.
RUEZ (L.), amidon.
STEINBACH (J.-J.), amidon.
SAINT-UBÉRY, collection de bois.
TEISSIER DU CROS (L. et E.), soie.
VIOLETTE (J.-H.-M.), charbon de bois.

CINQUIÈME SECTION.

Machines pour usage direct, y compris chemins de fer, marine et carrosserie.

BÉRANGER et Cie, appareils de pesage.
CLAIR (P.), dynamomètre, indicateur, etc.
ENFER (E.), machine soufflante.
FLAUD (H.-P.), machine à cylindre vertical à haute pression.
LETESTU , pompe à incendie.
MAUZAIZE (J.-L.), instruments à friction.
PARENT, échelles.
POUYER-QUERTIER fils , appareils pour placer et déplacer les leviers.
BELVALLETTE frères, phaéton.
DUNAIME (J.-A.), berline.

SIXIÈME SECTION.

Machines et machines-outils, métiers et mécanisme.

ACKLIN, machine Jacquart, à papier au lieu de carton.
BERTHÉLOT, métiers circulaires pour bonneterie.
BOLAND (A.), moulin à pétrir.
BORIE frères, machine pour faire les briques creuses.
BARANOCOSKI (J.-J.), machine pour numéroter les billets de théâtre.
DANDOY-MAILLARD, LUCQ et Cie, rouleaux pour machines à filer.
DOREY (J.-F.), machine à tisser.
FREY fils, machine à faire les clous.
HARDING-COCKER, sérançoirs.
HUCK, appareil à préparer les substances alimentaires.
HUE (J.-B.), appareil à faire les crochets et les œillets.
JACQUIN (J.-J.), métiers circulaires pour bonneterie.

LACROIX et fils, machine à fouler le drap.
MARESCHAL (J.), hachoir.
MIROUDE frères, cardes à laine.
NICOLAS (P.), machine à graver les cylindres en métal.
ROSWAG (A) et fils, tissus de métal.
SAUTREUIL fils, machine pour planer et faire les moulures.
SCHMERBER (J.), machines pour forges.
SCHNEIDER et LEGRAND, tondeuse mécanique.
SCRIVE frères, cardes à laine.
STAMM et Cie, métier à filer.
TOUAILLON (C.), machine à tailler les meules.
VARALL-MIDDLETON et ELWELL, machine à faire le papier.

SEPTIÈME SECTION.

Génie civil, architecture et bâtiment.

MULOT et fils, outils de sondage.
TRAVERT fils (L.), modèles de construction.

HUITIÈME SECTION.

*Architecture navale, génie militaire, canons, armes,
instruments de destruction, etc.*

BARBOTTIN, cabestau.
BERTONNET, fusils et armes de chasse.
COLLIN (C.-E.), gravures de cartes.
CLAUDIN (F.), fusils et pistolets.
DAUMENG, cartes.
DELOIGNE (F.), appareils de sauvetage, obusier.
DEVISME, fusils et armes.
GAUVAIN (J.), pistolets, fusils, etc.
GASTINNE-RENETTE, fusils et armes.
HOUILLER-BLANCHARD, pistolets.
LAHURE, canot de fer pour sauvetage.
LEGOFF, appareil pour attacher les cordages.
LÉOPOLD BERNARD, canons de fusils.
LEPAGE-MOUTIER, fusils, sabres damasquinés.
ROCHER (N.), appareils à distillation.
SCHNEIDER, modèles de navires.
SOCHET, appareil à distillation.

NEUVIÈME SECTION.

Machines et outils d'agriculture et d'horticulture.

LAVOISY, baratte.
TALBOT frères, charrue.
VACHON fils et Cie, machine à bluter.

DIXIÈME SECTION.

§ I.

Instruments de précision, de chirurgie, de musique et horlogerie.

BAYARD (H.), talbotypes.
BERTHAUD fils, cristaux.
BEYERLÉ (G.), lentilles cylindriques.
BOURGOGNE (J.), préparations microscopiques.
CHUARD, lampe de sûreté.
COLLOT (E. et A.) frères, balance.
FLACHERON (F.), talbotypes.
GALY-CAZALAT, manomètre.
HAMANN (E.-F.), planomètre.
MAES (J.), prisme.
NACHET, microscopes.
PERREAUX, machine à diviser.
PLAGNIOL, camera obscura.
SCHIERTZ (J.-G.), appareil photographique.
THOMAS (C.-H.), machine à calculer.
VEDY (E.), sextant.

DIXIÈME SECTION.

§ II.

Musique.

BERNARDEL, violons.
BESSONS, instruments de musique.
BUFFET (A.), instruments de musique.
DEBAIN (A.), piano mécanique.
FRANCK (C.), piano à répétition.
GODEFROY (C.) père, flûtes.
JAULIN (J.), panorgue.
MONTAL (C.), pianos droits.
PAPE (C.-H.), pianos.
ROLLER et **BLANCHET** fils, pianos.
TRIEBERT, hautbois.

DIXIÈME SECTION.

§ III.

Horlogerie.

BROCOT, échappement.
DETOUCHE et **HOUDIN**, pendules.

GANNERY, pendules astronomiques.
OURDIN, pendules.
MONTANDON frères, ressorts de montres.
REYDOR frères et COLIN, pendules.
REDIER, réveille-matin.
RIEUSSEC, montre.
VISSIÈRE, chronomètre.

DIXIÈME SECTION.

§ IV.

Anatomie. — Instruments et appareils de chirurgie.

AUZOUX, anatomie plastique.
BURAT frères, bandages pour hernies.
CHARRIÈRE (J.-F.), collection.
LUER (J.-A.), collection.
THIER, téterelle.

ONZIÈME SECTION.

Fils et tissus de coton.

DAUDVILLE, rideaux de fenêtre.
DUBAR-DELESPAUL, étoffes à pantalons.
DURANTON (J.-B.), devants de chemises.
FÉROUELLE et ROLAND, dessins sur mousseline.
HARTMANN et fils, cotons imprimés.
JOURDAIN (X.), mousseline.
MALLET (VANTROYEN et MALLET), fils.
OURSCAMP (PEIGNÉ-DELACOURT), toiles.

DOUZIÈME SECTION.

Fils et tissus de laine peignés et cardés. — Tissus mixtes.

ALBINET jeune, couvertures de laine.
BACOT père et fils, draps.
BENOIST-MALLET et WALBAUM, flanelles fines.
BERTÈCHE-CHESNON et Cie, draps.
BIÉTRY et fils, tissus de cachemires.
BILLIET et HUOT, fils.
CAILLET-FRANQVILLE, mérinos.
CHATELAIN-FERON, flanelles.
CHENNEVIÈRE (F.), draps de laine.
CROUTELLE neveu, fils.
DAVID frères et Cie, mérinos et draps.

DAVID-L'ABBEZ et Cie, mérinos bon marché.
DAUPHINOT-PERARD, mérinos.
DELATTRE et fils, draps et mérinos.
DELFOSSE frères, mérinos.
FORTIN-BOUTELLIER, feutre pour piano.
HINDENLANG père, mérinos et cachemires.
JUHEL-DESMARES, draps.
LACHAPELLE et **LEVARLET**, fils de laine.
LANTEIN et Cie, fils de laine et barège.
LUCAS frères, fils de mérinos.
MATHIEU (Robert), mérinos.
MOLLET-WARME et Cie, draps.
MOURCEAU, étoffes de tenture.
PARNUIT-DAUTRESME et Cie, draps.
PATURLE, LUPIN, SEYDOUX, SIEBER et Cie, draps mérinos.
PESEL et **MENUET**, cachemires.
PETIT-CLÉMENT, mérinos.
PIN-BAVARD, draps et châles.
POUCHER-POTTIER, mérinos.
ROGER frères et Cie, fils mérinos.
SCHLUMBERGER et Cie, damas.
SENTIS père et fils, fils de laine.
SIGNORET-RICHON et Cie, draps de laine.

TREIZIÈME SECTION.

Filature et tissus de soie.

BALAY (Jules), rubans.
BALLEIDIER (F.), velours.
BARTH-MASSING, peluches et velours de soie.
BLICHON, peluches et velours de soie.
BARRET frères, cocons.
BELLAN jeune et Cie, étoffes de soie.
BERTRAND GAYET et **DUMONTAT**, étoffes de soie.
BONNET, étoffes de soie.
BONNETON, soies gréges et ouvrées.
BOUVARD et **LANÇON**, étoffes de soie façonnées.
BRISSON frères, peluche.
BROSSE et Cie, velours de soie.
BRUNET, LECOMTE-GUICHARD et Cie, étoffes de soie.
BUISSON (veuve), rubans de soie.
CARQUILLAT, tableaux tissés de soie.
CHAMBON (Casimir), soies gréges et ouvrées.
CHAMPAGNE et **ROUGIER**, étoffes et soie.

CHARTRON et fils, soie grége et ouvrée.
COLLARD et COMTE, rubans de soie.
COUDERC, SOUCARET et fils, soie grége.
DONAT, ANDRÉ et Cie, étoffes de soie.
DONAT (J.) et Cie, peluche de soie noire.
DUMAINE, soie grége.
DUCROS (T.), soie grége.
FONTAINE (F.), soie.
GINDRE et Cie, soie et satins.
GIRARD-NEVEU et Cie, velours de soie.
HECKEL et Cie, étoffes de satin uni.
HERME (Auguste), soies gréges et ouvrées.
HOOPER-CARROZ et TABOURIER, pointes et mitaines en filet.
JAMES-BIANCHI et DUSEIGNEUR, soies gréges.
LANGEIRN et Cie, fils de bourre de soie.
LAPEYRE et DOLBEAU.
LARCHER-FAURE et Cie, rubans de soie.
LEHMAN (J.) et fils.
LEMIRE et fils, étoffes de soie.
CHAMBRE DE COMMERCE DE LYON.
MARTIN (J.-B.) et CASIMIR, peluches de soie.
MASSING frères, peluches de soie.
MATHEVON et BOUVARD, étoffes de soie.
MENET (Jean), organsins.
MONTESSUY et CHOMER, étoffes de soie unies.
PONSON, étoffes de soie unies.
POTTON-RAMBAUD et Cie, étoffes de soie façonnées.
REIGNER-CONSIN.
RÉPIQUET et SILVENT, velours et peluches.
SOUBEYRAN (Louis), cocons, soies gréges et ouvrées.
TEILLARD (C.-M.), étoffes de soie.
VATIN fils et Cie, gaze de soie.
VIGANT frères, rubans de soie.

QUATORZIÈME SECTION.

Fils et tissus de lin et de chanvre.

BONIFACE et fils, tissus de lin.
DAUTREMER et Cie, fils de lin.
GRASSOT et Cie, serviettes et nappes.
HARO (E.-E.), toiles pour peintures.
MALO-DICKSON et Cie, toiles à voiles.
MERLIÉ-LEFEBVRE, cordages.
MESTIVIER et HAMOIR, tissus de lin.
SCRIVE frères, fils de lin.

QUINZIÈME SECTION.

Tissus mixtes et châles.

BOAS , châles cachemires.
CHOCQÜEEL (Félix) , châles longs.
COCU (A.) , tissus cachemires.
DAMIRON et Cie , châles brochés.
DUCHÉ et Cie , châles.
FASSIN et Cie.
GAUSSEN jeune , FARGETON et Cie , châles.
GRILLET et Cie , châles longs.
HÉBERT et fils , châles.
LEFÉBURE-DUCATTEAU frères , tissus de laine.
LION frères , châles cachemires.
PATRIAU , tissus de laine.
THIERRY-MIEG , châles cachemires.

SEIZIÈME SECTION.

Cuirs et peaux, sellerie, chaussures, tissus de crin, ouvrages en cheveux.

BARRANDE (J.-P.) , peaux.
BAYVET frères et Cie , cuirs.
BERTHAULT , parchemins.
COURTOIS , cuirs vernis.
COURTÉPÉE-DUCHESNAY, cuirs de veaux.
DEADDÉ (J.) , cuirs vernis.
DELACOUR (H.-P.) , étoffes de crin.
DUPORT (V.) , peaux mastodontoïdes.
DEZEAUX-LACOUR , cuirs tannés et corroyés.
EMMERICH et GOERGER , cuirs.
FIEUX et Cie , cuirs divers.
GAUTHIER (J.) , veaux vernis.
GUILLOT (J.-A.) , chaussures et cuirs.
HERRENSCHMIDT (G.-F.) , tiges de bottes.
HOUETTE et Cie , veaux vernis.
LAUDRON frères , cuirs.
LEMONNIER et Cie , bijoux divers en cheveux.
LOLAGNIER , peaux d'agneaux.
NYS et Cie , peaux.
PELTEREAU (Auguste) , peaux.
PELTEREAU-LEJEUNE , cuirs entiers.
PRAX et LAMBIN , sellerie.

PRIN jeune (A.), peaux de veaux.
SUSER (H.), peaux corroyées.
TEXIER jeune, ganterie et chamoiserie.
VENTUJOL et CHASSANG, peaux.

DIX-SEPTIÈME SECTION.

Papiers, typographie, reliure.

ANGRAND, papiers.
BARRÈRE, machine à graver.
BLANCHET frères et KLÉBERT, fabrique de papier.
CALLAUD, BELISLE, NOUEL, DE TINAN et Cie, fabrique de papier.
CLAYE (J.), imprimerie.
DERRIEY, fonderie.
DESROSIERS (A.), imprimerie.
DOUMERC, fabrique de papier.
DUPONT (P.), imprimerie.
GAYMARD et GÉRAULT, livres.
GILBÉRT et Cie, stores peints.
LABOULAYE et Cie, fonderie.
LACROIX frères, fabrique de papier.
LORTIC, reliure.
MAME et Cie, imprimerie.
MARCELLIN-LEGRAND, fonderie.
MAUBANT et VINCENT JOURNET, fabrique de papier.
MAYER (veuve), daguerréotype.
MONTGOLFIER, fabrique de papier.
IMPRIMERIE NATIONALE.
NIEDRÉE (J.-E.), reliure.
ODANT fils et Cie, fabrique de papier.
PLON frères, imprimerie, fonderie.
SCULOSS et frères, portefeuilles.
SOEHNÉE frères, vernis.

DIX-HUITIÈME SECTION.

Tissus et feutres, teints et imprimés.

BERNOVILLE-LARSONNIER et CHENEST, tissus.
BLECH, STEIMBACH et MANTZ, tissus.
CHOCQUEEL (Louis), châles.
DELAMORINIÈRE-GOUIN et MICHELET, tissus.
DOLLFUS, MIEG et Cie, tissus.
FRANCILLON, tissus.
FÉAN-BÉCHARD (V.-A.), laines.

GODEFROY (L.), châles.
GROS, ODIER, ROMAN et Cie, filature.
GUINON (A.-P.), soies ouvrees.
HARTMANN et fils, tissus.
JAPUIS et fils (J.-B.), indiennes.
KOECKLIN frères, indiennes.
SCHLUMBERGER jeune et Cie, impression sur cotou.
SCHWARTZ et HUGUENIN, toiles imprimées.
STEINER (C.), teinture.
VEISSIÈRE (A.), teinture.

DIX-NEUVIÈME SECTION.
Tapis, tapisserie, dentelles et broderies.

AUBRY, dentelles.
BERR et Cie, dentelles.
CASTEL (E.), tapis.
CROSNIER, toiles cirées.
DARNET, devants de chemises.
DERBLED, PELLERIN et Cie, couvertures.
DELAROCHE-DAIGREMONT, mousselines.
DEMI-DOINEAU et BRAQUENIÉ, tapis.
FLAISSIER frères, tapis.
FOULQUIÉ et Cie (Mlle), châles.
HEYLER et Cie (Mlle), mitaines.
HUBERT (Mme), coiffures.
JULLIEN aîné, passementerie.
LEFÉBURE, dentelles.
MALLET frères, dentelles.
MEREAUX (J.-H.), dessins de dentelles.
MICHELIN, rubans.
MOREAU et Cie, devants de chemises.
MORNIEUX (F.), galons.
MOULARD (Mlle), dentelles.
PAGNY, dentelles.
RANDON, dentelles.
REQUILLART-ROUSSEL et CHOCQUEEL, tapis-moquettes.
SEIB, toiles cirées.
VAUGEOIS et TRUCHY, broderies.
VIDECOQ et SIMON, dentelles.

VINGTIÈME SECTION.
Objets d'habillement.

BATHIER (V.), chaussures.
CHENARD frères, chapeaux.

CHOSSON et Cie, gants.
COCHOIS et COLIN, bonneterie.
COUPIN (J.), chapeaux de feutre.
DESCHAMPS (N.), souliers.
DOUCET et DUCLERC, chemises.
DUFOSSÉ aîné, chaussures.
DUFOSSÉ-MELNOTTE, chaussures.
HOUBIGANT-CHARDIN, gants.
JOUVIN et DOYON, gants.
JOLY sœurs, corsets.
JOSSELIN, corsets.
LAURET frères, bonneterie.
LAYDET fils et Cie, gants.
LECOCQ-PRÉVILLE, gants.
LEFÉBURE, chaussures.
MASSET, chaussures.
MÉIER, chaussures.
MEYANCE et fils, bonneterie fine.
MILON aîné, bonneterie fine.
OPIGEZ et CHAZELLE, soies brodées.
POIRIER, chaussures.
ROBERT-WERLY et Cie, corsets.
THIERRY, chaussures.

VINGT-UNIÈME SECTION.

Coutellerie, tranchants et outils à main.

ARNHEITER, coutellerie.
COULAUX aîné et Cie, scies.
FROELY (A.), limes.
GOLDENBERG, scies.
GUERRE, coutellerie.
PICAULT (J.-F.), coutellerie.
PROUTAT et Cie, limes.
TALABOT et Cie, limes.

VINGT-DEUXIÈME SECTION.

Serrurerie, quincaillerie, foyers, bronzes, fonte et objets d'art.

BLANZY-POURE et Cie, plumes.
BOUCHER et Cie, ustensiles de cuisine.
BRAUX-D'ENGLURE, zinc galvanisé.
BRICARD et GAUTHIER, serrurerie.

CAIN, bronzes.
DESJARDINS-LIEUX, médaillons.
DIÉTRICH fils, fers.
FONTAINÉ, chaudières.
CAGNEAU frères, lampes.
GERVAIS, chaudières.
GRIGNON (M.), bronzes.
HADROT, lampes.
KARSHER et WESTERMANN, fers estampés.
LACARRIÈRE, lustres.
LAUREAU, bronzes.
LAUREZ (approbation spéciale), grilles.
LECOCQ, fers estampés.
MALLAT, plumes.
MARCHAND (approbation spéciale), bronzes.
MARSAUX et LEGRAND, cuivre estampé.
MÈNE, bronzes.
MOREL frères, fers.
MUEL-WAHL et Cie, lustres.
PAILLARD (V.), bronzes.
PALMER, cuivres.
PARIS, fers galvanisés.
PAUBLAN, serrurerie.
POIRIER, presse.
ROBERT et Cie, métaux.
SCHMANTZ et Cie, presse.
SUSSE frères, bronzes.
TRELON-WELDON et WEIL, boutons.
TRONCHON, meubles en fer.
VANTILLARD, épingles.
VERSTAEN, coffres-forts.

VINGT-TROISIÈME SECTION.

Ouvrages en métaux précieux, joaillerie.

AUBANEL, bronzes.
AUCOC, nécessaires.
AUDOT, nécessaires.
BOUILLETTE-HYVELIN et Cie, pierres artificielles.
BOYER, dorure électrique.
BRUNEAU, bijouterie.
CARON, pistolets.
CHRISTOFLE, orfévrerie.
DAFRIQUE, camées.
DESFONTAINES, horlogerie.

DURAND, orfévrerie.
LACARRIÈRE, bronzes.
LEFAUCHEUX, armes.
LAHOCHE, pendules.
LEROLLE, bronzes.
LÉVY frères, montures.
MIROY frères, bronzes.
MOUTIER-LEPAGE, armes.
ODIOT, orfévrerie.
PAILLARD (V.), bronzes.
PAYEN, bijouterie.
POUSSIELGUE, bronzes.
PRÉLAT, armes.
SAVARD, bijouterie.
SAVARY et MOSBACH, pierres artificielles.
THOUMIN, cuivre estampé.
THOURET, électrotypes.
TRUCHY, perles.
VALÈS (Constant), perles.
VILLEMSENS, candélabres.
WEYGRAND, bronzes.

VINGT-QUATRIÈME SECTION.

Glaces, verres et cristaux.

ANDELLE et Cie, bouteilles.
BERLIOZ et Cie, glaces.
BURGUN, WALTER, BERGER et Cie, verres de montres.
DEVIOLAINE frères.
DE POILLY et Cie, bouteilles.
VAN LÉEMPOEL DE COLNET, bouteilles.
PATOUX-BRION et Cie, verres.
ROBICHON et Cie, verres.

VINGT-CINQUIÈME SECTION.

Porcelaine, poterie de terre cuite.

ALLUAUD, porcelaine.
AVISSEAU, poterie, genre Palinaz.
BAPTEROSSES, boutons de porcelaine.
BETTIGNIES (de), porcelaine.
DUTREMBLAY, lithographie sur porcelaine.
GILLE, porcelaine.
GORSAS et PERRIER, porcelaine.
HONORÉ (Ed.), porcelaine.

JACOB-PETIT, porcelaine.
JOUHANNEAUX et DUBOIS, porcelaine.
MANSARD, poterie de grès.
NAST, porcelaine.

VINGT-SIXIÈME SECTION.

Meubles, siéges, papiers peints, carton-pâte, meubles et objets en gayac.

BELLANGÉ (A.-L.), meubles de Boule.
BOUNARDET, billard sculpté.
BOURGERY (veuve), carton-pierre.
CREMER, meubles en marqueterie.
CRUCHET, sculpture en carton-pierre.
DAUBET et DUMAREST, meubles mécaniques.
DURAND (Ed.), meubles.
HUBER, carton-pierre.
JEANSELME, meubles.
JOLLY-LECLERC, meubles.
KNECHT (Emile), sculpture.
KRIÉGER et Cie, meubles.
LECHESNE (Aug.), cadre sculpté.
MADER frères, papiers peints.
MARCELIN, meubles mosaïques.
MERCIER, meubles.
PRÉTOT, meubles incrustés.
RINGUET-LEPRINCE, meubles sculptés.
RIVART et ANDRIEUX, meubles incrustés en porcelaine.
TAHAN (A.), meubles et nécessaires.
THERET (J.), meubles incrustés.
ZUBER et Cie, papiers peints.

VINGT-SEPTIÈME SECTION.

Objets en substances minérales pour bâtiments et pour décoration.

AMULLER (E.-F.), tuiles perfectionnées.
BORIE frères, briques tubulaires.
BOSSI (J.-P.), table de marbre incrustée.
CHENOT (A.), pavé métallique.
DESAUGE (A.), cheminée et pavage en pierre.
LEBRUN jeune (J.-A.), cheminées.
POILLEU frères, cénotaphe en basalte.

SEGUIN (A.), cheminée en marbre.

THÉRET (J.), ouvrages et incrustations en pierres dures.

VIREBENT frères, ouvrages en pierres artificielles.

VINGT-HUITIÈME SECTION.

Produits manufacturés avec des substances végétales, non tissés ni feutrés.

BODEN (J.-C.-F.), paniers en plumes.

BUPRAT et Cie, liége en feuilles.

FAUVELLE-DELEBARRE, peignes en écaille.

GROSSMANN et WAGNER, articles de caoutchouc.

LAURENÇOT, brosses et pinceaux.

LEUNENSCHLOSS (M.), rubans en caoutchouc.

MASSUE (L.-J.), peignes d'ivoire.

NOEL jeune, peignes d'ivoire.

PHILIPI, peignes d'écaille.

POINSIGNON, peignes imitation d'écaille.

TRANCART (A.-A.), peignes d'écaille.

WOLF, sculpture en ivoire.

VINGT-NEUVIÈME SECTION.

Objets divers.

ALLARD et CLAYE, savons de fantaisie.

ALEXANDRE (Félix), éventails.

ALLIX (A.-J.), figures en cire pour coiffeurs.

ARNAVON (M.), savons.

AUCLERC et LEDOUX, confiserie.

AUDOT (E.-J.), nécessaires.

BONTEMS, oiseaux mécaniques.

CAZAL, parapluies et ombrelles.

CHAGOT aîné, fleurs artificielles.

CHARAGEAT (E.), parapluies et ombrelles.

CHEVET jeune, conserves de fruits.

COLLETTA-LEFEBVRE, tabatières.

DUMORTIER et Cie, bougies stéariques.

DUVELLEROY (P.), éventails.

FURSTENHOFF (Mlle Emma), fleurs artificielles.

GAUDET DU FRESNE, fleurs et feuilles artificielles.

GELLÉ aîné et Cie, savon de toilette à froid.

HARAND, fleurs en batiste.

JAILLON-MONNIER et Cie, bougies stéariques.

JUMEAU-PIERRE, habits de poupées.

LAURENT (J.), nécessaires riches.

LEFORT aîné, matériaux pour fleurs.

LEISTNER (G.-L.), parfumerie.

MASSE (Mme veuve), **TRIBOUILLET** et **Cie**, procédé pour bougies et acides gras.

MERCIER (C.-V.), tabatières en écailles.

MILHAU jeune, savons.

OGER (J.-L.-M.), savons ordinaires et de fantaisie.

OUDART et **BOUCHEROT**, conserves de fruits.

PERROT, **PETIT** et **Cie**, fleurs en batiste.

PHILIPPE et **CANEAUD**, conserve de fruits.

PIVER (L.-T.), parfumerie.

RODEL et fils, conserve de fruits.

TILMAN, fleurs en batiste.

TRENTIÈME SECTION.

Beaux-arts, sculpture, modèles, arts plastiques, mosaïques, émaux.

BÉRANGER (Antoine), peinture sur porcelaine.

BERRUS frères, dessins pour châles.

BONNET, peinture sur émail.

CHEBEAUX (J.), dessins pour impression.

CLERGET (C.-E.), dessins d'ornement.

COLLAS, réduction de sculpture.

COUDER (A.), dessins pour châles.

DE BAY (Auguste), statue en marbre.

DE BAY (Jean), statue en bronze.

DEVERS (J.), Sainte Famille en lave.

DUCLUZEAU (Mme), peinture sur porcelaine.

DIÉTERLE (J.), peinture sur porcelaine.

ETEX (A.), statues en marbre.

FRATIN, animaux en bronze.

GÉRENTE (A.), vitraux peints.

HAMON, coffret en émail.

JACOBEER, peinture sur porcelaine.

JACOTET (Mme), peinture sur porcelaine.

LAROCHE (ED.), dessins pour châles, etc.

LAURENT (Mme P.), émaux sur cuivre.

LECHESNE (Auguste), groupes en plâtre.

LEMERCIER (R.-J.), lithographie et chromolithographie.

LEQUESNE (E.-L.), statue en bronze.

MARÉCHAL et **GUYNON**, vitraux peints.

RAMUS (J.-M.), groupe en marbre.
ROUCOU (J.), incrustation.
SCHILT, vase peint.
SILBERMANN (G.). chromotypographie.

MENTIONS HONORABLES.

PREMIÈRE SECTION.

Mines et produits des mines.

ALLUAUD aîné, terre à porcelaine de Limoges.
COMPAGNIE DES MINES ET USINES DE FER DE BONE (Algérie), fer
et acier.
CHAPOT et SELON, pierres lithographiques.
ELOFFE, collection minéralogique.
GAILLARD aîné, meules.
LAPEYRIÈRE (C.), fer.
LARIVIÈRE (C.), ardoises d'Angers.
MARX et Cie, pierres lithographiques.
ROGER jeune, meules.
TOUAILLON (C.), pierres meulières.

DEUXIÈME SECTION.

Produits chimiques et pharmaceutiques.

ANTHELME, alun.
BRIÈRE (A.), préparations arsenicales.
COIGNET et fils, phosphore.
COLLAS (M.-A.-C.), substances extraites du charbon.
DELIGNON (V.), essence de schiste.
GAUTHIER-BOUCHARD, couleurs.
LEFÈVRE aîné, oxyde de zinc.
MAIRE et Cie, vinaigre.
ROSSELET (C.-P.-H.), préparation pour la révivification des dorures, etc.

TROISIÈME SECTION.

Substances alimentaires.

CAMUS (M.), sardines.
CHAILLOUX, LEPAGE et POCHON, miel.
CHAPEL (Algérie), farine de canne-root.
CHOQUART (C.), chocolat.

CLOET (C.), orge perlé , vermicelle , etc.
COURTIN-RAOULT, vinaigre.
GILLET (A.), sardines.
GREMAILLY, conserves alimentaires.
GROULT jeune , collection de fécules.
LAUGIER , miel.
LAYA et Cie (Algérie), farine de blé dur.
LEBLAN (A.), farine de ménage.
LEMOLT (A.-E.), choca.
LERVILLES (J.), chicorée.
MABIRE jeune , blés.
MARTIN DE LIGNAC , lait solidifié.
MÉNIER et Cie, chocolat.
PELLIER frères , sardines.
PENEAU (J.), sardines et conserves alimentaires.
RIGAULT fils, vinaigre.
ROUCHIER (F.) et fils, conserves alimentaires (petits pois).
VIOLETTE (J.-H.-M.), biscuits.

QUATRIÈME SECTION.

Substances animales et végétales destinées aux manufactures.

AFFOURTIL (G.-L.), soies.
ALGÉRIE (Commission des bois et forêts de l'), liége.
ALGÉRIE (délégué de l'), fibres végétales.
ALLÉON (H.), albumine d'œufs.
AUGAN (M.), gomme artificielle.
BAHUET (A.), soies.
BARRAL (C.), soies.
BARRÈS frères , soies.
BENÈS (Mlle M.), [Algérie], coton.
BERNOVILLE, LARSONNIER et **CHENEST**, laine.
BENOUVILLE (Mme), soie.
BORDE (J.) [Algérie], huiles.
BOUXWILLER (Compagnie des mines de), colle forte.
BOUNAL (V.) et Cie, soies.
BOUASSE, LEBEL et Cie, gélatine.
BRUNEAU et fils , laine.
CABRIT et **ROUX** , soies.
CARRIÈRE (F.), soies.
CHAMPOISEAU (N.), soies.
CHUFFART (Algérie), coton.
CONRAD (G.), huiles.
COIGNET et fils, gélatine.
DARRAS (P.), soies.

DARVIEU, VALMALE et Cie, soies.
DELUEZE (A.), soies.
DELLATTRE et fils, laine.
DE RUOLZ, huiles.
D'ENFERT frères, gélatine.
DE BARTHELATS (L), soies.
DUSSOL, soies.
ESTIVANT frères, colle forte.
FARJOU (H.), soie.
FLEURY (J.-F.), térébenthine.
GRIMA (F.) [Algérie], coton.
HALOCHE (Algérie), coton.
HERVÉ frères, gélatine.
HUMBERT et Cie, gélatine.
KUHLMANN frères, charbon préparé.
LAPORTE veuve et fils, laine.
LAROQUE frères et JACQUEMET, laines.
LEBBIS (H.), amidon.
LECLERQ (N.), gélatine.
LEPAISANT (L.), amidon.
MAFFRE (E.-F.) [Algérie], huiles.
MALINGIÉ, laines.
MOURGUE et BOUSQUET, soie.
MOUSSILLAC (Amand), bois.
NOGARÈDE (J.-L.), soie.
PATURLE, LUPIN, SEYDOUX, SIEBER et Cie, laine.
PÉLISSIER (C.) [Algérie], coton.
PITOUX (V.), gélatine.
PRADIER (J.), soie.
RAUCHER (L.) jeune, charbon animal.
REIDON (E.), soie.
RIVAUD (G.), laine.
ROECK (L.), soie.
ROYER (J.-C.-A.), gélatine.
SAMBUC (P.), soie.
TORDEUX, charbon préparé.
TÉRASSON DE MONTLEAU (J.-A.), laine.
VERDET et Cie, soie.
VÉZON frères, amidon.
VINCENT (J.), soie.
WARMONT (V.-E.), laine.

CINQUIÈME SECTION.

Machines pour usage direct, y compris chemins de fer, marine et carrosserie.

(Point de mentions honorables.)

SIXIÈME SECTION.

Machines et machines-outils, métiers et mécanisme.

(Point de mentions honorables.)

SEPTIÈME SECTION.

Génie civil, architecture et bâtiment.

(Point de mentions honorables.)

HUITIÈME SECTION.

Architecture navale, génie militaire, canons, armes, instruments de destruction, etc.

BERINGER (B.), fusils et armes de chasse.

BERNARD (Albert), canons de chasse simples et doubles damasquinés.

DELACOUR, épées et sabres moulés et ornés.

NEUVIÈME SECTION.

Machines et outils d'agriculture et d'horticulture.

(Point de mentions honorables.)

DIXIÈME SECTION.
§ I.

Instruments de précision de chirurgie, de musique et horlogerie.

BERNARD (D.-F.), instruments d'optique.

CHEVALIER (C.), microscopes.

GAVARD (A.), pantographe.

GOUIN (A.), daguerréotypes coloriés.

GUÉNAL, planétaire.

HENRI (M.), lunettes.

JAMIN, verres d'optique.

LALANNE (L.), règle à calculer.

LAUR (J.-A.), planomètre graphique.

MAUCOMBLE, daguerréotypes coloriés.

MOLTENI et SIÉGLER, cercles réflecteurs, etc.

ROUGET DE LISLE (T.-A.), instruments de dessin.

THIERRY (J.), daguerréotypes.

DIXIÈME SECTION.
§ II.
Musique.

ALEXANDRE et fils, deux mélodiums.

AUCHER et fils, deux pianos droits.

BRÉTON, clarinette système Bœhm.

COURTOIS (Antoine), ophicléide et cornets à piston.

DETYR (N.) et Cie , deux pianos droits.

DOMÉNY, harpes.

GAUTROT et Cie , ophicléides.

HERZ (H.) , quatre pianos.

KLEINJASPER , piano.

LABBAYE , ophicléide.

MARTIN , orgue à percussion.

MERCIER (S.), deux pianos.

MULLER (A.) mélodioms portatifs.

SIMON (Henri) et Cie, archets de violon et de violoncelle.

SOUFLETO , trois pianos.

TULOU , flûte.

DIXIÈME SECTION,
§ III.

Horlogerie.

BAILLY-COMTE et fils aîné , horloges de tour à bon marché.

CHAVIN frère aîné , horloges de tour à bon marché.

LEROY et fils , pendule de voyage et montres.

LAUMAIN (C.) , chronomètres de poche.

PIERRET , réveille-matin à bon marché.

DIXIÈME SECTION.
§ IV.

Anatomie. — Instruments et appareils de chirurgie.
(Point de mentions honorables.)

ONZIÈME SECTION.

Fils et tissus de coton.
(Point de mentions honorables.)

DOUZIÈME SECTION.

Fils et tissus de laine peignés et cardés. — Tissus mixtes.

BOUCHART-FLORIN , Orléans.

BUFFAULT et TRUCHON , couvertures.

CAUVET, fils de laine.

FOURNIVAL , ALTMAYER et Cie , fils de laine.

GUILBERT et WATEAU , Orléans.

GUYON (E.) , couvertures.

TREIZIÈME SECTION.

Filature et tissus de soie.

BERT , collection de soieries anciennes.

BERTRAND (Ad.), étoffes de soies pour parapluies et ombrelles, popelines
unies, soieries chinées et façonnées.

CAUSSES et **GARION**, poils pour rubans, trames et organsins blancs et écrus.

DEYDIER (Paul), organsins.

DELARBRE (Victor), organsins blancs et écrus.

EYMIEU (Paul) et fils, soies moulinées pour chaîne et trame.

FABRÈQUE, NOURRY fils, BARNOUIN et **C**ie, soies moulinées pour chaîne et trame.

GANTILLON (T.-E.), paysage tissé.

LAVERNHE et **L. MATHIEU**, poil ou trame simple pour gaze à bluter et crêpe de Chine, et organsins.

MARTEL, GEOFFROY et **VALANSOT**, assortiment de cravates de soies brochées et façonnées.

MEJEAN et fils, organsin et grenadine pour dentelle.

SAINT-TULLE, magnanerie conduite par MM. Guérin et Robert, soies gréges

SAUVAGE (R.), moiré, armures et taffetas.

THEVENOT, RAFFIN et **ROUX**, châles de soie riches, en reps et en crêpe de Chine.

THIBERT et **ADAM**, peluche de soie noire pour chapeaux.

THOMAS frères, florences en teintes diverses.

TROCCON (A.), châles et cravates de soie.

VALANSOT (M.), velours et peluche pour modes.

QUATORZIÈME SECTION.

Fils et tissus de lin et de chanvre.

DANDRÉ (A.), damas.

GODARD et **BONTEMPS**, batistes.

GUYNET et **BECQUET**, batistes.

LANDERNEAU, canevas de chanvre.

LEGRAND (D.) mouchoirs en batiste.

QUINZIÈME SECTION.

Tissus mixtes et châles.

BONTE (L.), étoffes pour pantalons.

BONFILS, MICHEL, LOWRAZ et **C**ie, châles.

CHAMBELLAN (G.) et **C**ie, collection de châles.

CHINARD (Charles), collection de châles.

DEPOUILLY frères, **BOIVAUX** et **C**ie, châles de Barèges.

GODEFROY (L.), échantillons de châles imprimés.

HESSE (G.), étoffes pour gilets.

REPIQUET et **SILVENT**, étoffes pour gilets.

SABIN-REBEYRE, cravates, écharpes et châles.

SEIZIÈME SECTION.

Cuirs et peaux, sellerie, chaussures, tissus de crin, ouvrages en cheveux.

BUDIN (R.-A.), cuirs de cheval corroyés.

CROIZAT (J.), perruques sans toupets faites à la mécanique.

DAVID (C.), collection de maroquins en diverses couleurs.

DELISLE et Cie, échantillons de peaux de mouton et de maroquins.

FORTIER-BEAULIEU, cuir corroyé.

GIRAUD frères, maroquins de couleur.

HENOC, écrans et plumeaux en plumes d'autruche, de paon et autres.

L'HUILLIER, plumes d'ornement.

LODDÉ (A.-A.), plumeaux et écrans en plumes.

MASSEMIN (C.-L.), cuirs de veau ajustés pour bottes.

PAILLART frères, peaux de veau et de mouton.

REULOS (A.-J.), cuirs de cheval corroyés pour bottes et chaussures.

THIBIERGE, perruques et coiffures pour dames.

DIX-SEPTIÈME SECTION.

Papiers, typographie, reliure.

BARBAT, impression lithographique.

BONDON (L.). papier-porcelaine.

DESERLAY (G.-G.), papiers timbrés.

DUFOUR (L.), papiers dorés, argentés et autres de fantaisie.

DOPTER (J.-V.-M.), échantillons de papier-dentelle et autres de fantaisie.

GAUTHIER (Junior), caractères typographiques à l'usage des relieurs.

GILLOT, nouveau système de clichage pour l'imprimerie.

GRANGOIR (J.-M.), serrures de portefeuilles.

GRUEL (Mme), reliure.

GUESNU, papeterie de luxe.

HULOT (A.), impressions en relief.

LEBRUN (L.-J.), reliure.

MARION (A.), papeterie tant ordinaire que de luxe.

MEILLET et PICHOT, timbres-poste et autres.

MEYER (E.), impressions en couleur.

NERAUDEAU (J.-A.), reliure de registre.

NRY (Bernard) et Cie, papiers de couleur.

PIQUES, carton.

SIMIER (J.), reliure.

VANDERDORPEL et fils, papeterie de fantaisie.

VINCENT et TISSERANT, cire et pains à cacheter et encre.

DIX-HUITIÈME SECTION.

Tissus et feutres, teints et imprimés.

(Point de mentions honorables.)

DIX-NEUVIÈME SECTION.

Tapis, tapisserie, dentelles et broderies.

AUDIAT (F.), tulles brodés.

BISIAUX, toiles cirées peintes.

DABARET-TAMPÉ , boutons de soie.
DELCAMBRE (A.), dentelles.
DUCHEL et fils, tapis moquette.
GUILLEMOT frères , passementerie pour voitures.
HOOPER (G.), broderies.
LAROQUE fils , frères , et JAQUERNET , tapis d'Aubusson.
LAURENT (J.-B.), passementerie et boutons de soie.
LECUN et Cie, tapis de pied.
MARTIN (C.-A.), boutons de soie et galons.
MERCIER , bourses , sacs , etc.
PUZIN , passementeries pour voitures.
SEGUIN (Joseph) , dentelles.
TUISSANT , écharpes.

VINGTIÈME SECTION.
Objets d'habillement.

BATON (W.) et fils, chapeaux de feutre.
BREDIFF frères , chaussures en cuir.
BRIDARD (J.), chaussures en cuir.
BRIQUET et PERRIER , bretelles.
COULBOIS , cuirs vernis pour chaussures.
FEVRIER , chaussures pour l'exportation.
FROMENT-CLOLUS , chaussures et sabots.
HAYEM , cravates.
HUET (veuve) , bretelles élastiques.
JACOB et DUPUIS , chaussures pour dames.
LENNENS (Nathaniel), bretelles , etc.
RABOURDIN , bretelles , etc.
RAPP (C.-F.), chaussures.
SOULES (Hippolyte) [Mme] , corsets.
VALTAT et ROUILLÉ , chemises.
VIAULT-ESTÉ (J.-J.-J.-B.), chaussures de dames.

VINGT-UNIÈME SECTION.
Coutellerie, tranchants, et outils à main.

ALCAN et LOCATELLI , limes.
LANNE (E.), coutellerie.
TABORIN (P.-F.), limes.
TABOURDEAU (P.), coutellerie.

VINGT-DEUXIÈME SECTION.
Serrurerie, quincaillerie, foyers, bronzes, fonte et objets d'art.

BOCHE (M.), poires à poudre.
BOERINGER et Cie, verrou de sûreté.

BOULONNOIS, bronzes divers.

CARLE (A.-T.), échantillons de fonderie en bronze.

CARRIER-ROUGE, bronze, chandeliers, etc.

CHARLES et Cie, machine en tôle galvanisée pour laver.

CHAUVIN (G.), garnitures de bourses.

CUDRUC (F.), crémones pour fermetures de croisées.

CUGNOT (A.), serrurerie.

DANIEL (E.) jeune, bourses d'acier.

DELACOUR (L.-F.), objets en bronze et fonte de fer.

DERVAUX-LEFEBVRE, chaînes, boulons, etc.

DEYDIER (Mme), lucarnes en zinc.

DUCEL (S.-J.), statues et objets en fonte de fer.

DUVAL et PARIS, lampes de bronze.

FAYE (P.-G.), pendules de bronze.

FETU (J.), chandeliers de bronze.

FONDET aîné, appareil de chauffage.

FUMET (C.-F.), appareil pour faire de la glace artificielle.

GAILLARD fils, toile métallique.

GILLOT (F.), pendules, etc.

GRANGOIR (J.-F.), serrures, etc.

GUINIER (T.), garde-robes et robinets.

HUET (J.), garnitures de bourses.

JAUDIN (A.), étain en feuilles et paillons de couleur.

LANG (L.), toile métallique.

LEMAIRE (A.), embrasses et ornements en cuivre.

LUCE (P.), manteau de cheminée garni d'un miroir.

MARTIN (O.) et VÉRY frères, ornements en fonte de fer.

MORISOT (N.-J.), bronzes, etc.

NEUBURGER, lampes, etc.

PAUL frères, réchauds.

PETITHOMME (L.-A.), système de suspension de cloches.

REBERT (C.), ferme-portes.

REGNIAUD (J.), moules à pâtisserie.

ROBIN (L.), coupes en bronze, etc.

SERIONNE, DE LOIN et Cie, boutons, etc.

SIROT (P.-SEN.), chevilles en cuivre et en acier pour chaussures.

TACHY (A.) et Cie, aiguilles pour aveugles.

TAILLEFER (A.) et Cie, aiguilles et épingles galvanisées.

TRUC, lampes, etc.

VOIZOT, acier poli pour bijoux.

VINGT-TROISIÈME SECTION.

Ouvrages en métaux précieux, joaillerie.

CORNILLON (J.-H.), flacons de cristal.

DETOUCHE et HOUDIN, pendule style Louis XVI.

HOUILLIER (B.), pistolets.
KIRSTEIN (F.), cerfs en repoussé d'argent.
MAILLOT (E.), ornements pour bouteilles.
PICHARD (A.-F.), bijouterie fausse.
ROUVENAT (L.), montures pour épées.

VINGT-QUATRIÈME SECTION.

Glaces, verres et cristaux.

CODERANT (A.), boutons de portes.
RENARD et fils, verre à vitres.

VINGT-CINQUIÈME SECTION.

Porcelaine, poterie de terre cuite.

ALLUAUD aîné, porcelaines.
AVISSEAU (C.), poteries.
GORSAS et PERRIER, porcelaines.
HONORÉ (E.), porcelaines.
NAST (H.-J.), porcelaines.
PETIT-JACOB, porcelaines.

VINGT-SIXIÈME SECTION.

Meubles, siéges, papiers peints, carton-pâte, meubles et objets en gayac.

BACH-PERÈS, stores peints transparents.
BALNY jeune, fauteuil mécanique.
CORDONNIER et Cie, bibliothèques.
DESCARTES (J.), sofa mécanique.
DULUD (J.-M.), cuirs à reliefs pour tentures.
FAURE (Jean-Marie), fauteuils.
FLORANGE jeune, bois de lit.
GENOUX (F.), papier de tenture.
GRADÉ (L.), table incrustée.
JEANSELME jeune (A.), fauteuils.
KISSEL (J.), lit mécanique.
LAURENT (François), cadre et parqueterie.
MARGUERIE, papiers de tenture.
VIVET (E.-T.), toiles cirées.

VINGT-SEPTIÈME SECTION.

Objets en substances minérales pour bâtiments et pour décoration.

AGROMBART (P.), ciment hydraulique.
BOISSIMON (DE) [C.], briques réfractaires.
BONNET jeune, creusets.
CAFFORT (J.), collection de marbres ouvrés du Languedoc.
COLLIN (J.-R.), marbres polis.

LEBAY (A.), pierres artificielles.
DUCHESNE, ciment.
DUFOUR (J.-B.), pavage d'asphalte.
FORTON, DUPONCEAU et Cie, table de billard en ardoise.
FOX (J.-F.), verres et tuiles en terre cuite.
GARNAUD jeune, ornements en terre cuite.
GILLE jeune, chambranle en porcelaine.
HEILIGENTHAL (J.-J.) et Cie, ornements en mastic-pierre.
HOLSTEIN (J.-P.), moulures en terre cuite.
LARIVIÈRE (C.), ardoises d'Angers.
MARGA (E.), manteau de cheminée en marbre blanc sculpté.
MAZARIN (J.-G.), ciment imitant l'acier poli.
RÉGNY (L.) et Cie, ciment hydraulique.
RUOLZ (DE), ciment.

VINGT-HUITIÈME SECTION.

Produits manufacturés avec des substances végétales, non tissés ni feutrés.

CABIROL (J.-M.), instruments de chirurgie en *gutta percha*.
FAUQUIER (L.-F.), brosses.
PAILLETTE (P.), brosses.

VINGT-NEUVIÈME SECTION.

Objets divers.

AUBERT et NOEL, marasquin et autres liqueurs.
BAGRÉ, cannes en corne de bélier.
BLEUSE (A.), savon de parfumerie.
BRETEAU (C.), fleurs en batiste.
DELACRETAZ et FOURCADE, acide et bougies stéariques.
DONNEAUC et Cie, acide et bougies stéariques.
DUCROT et PETIT, éventails.
DUMÉRIL fils et Cie, pipes.
FIOLET (Louis), pipes.
FLORIMOND, fleurs en batiste.
LANDON et Cie, vinaigre aromatique.
MONTIGNAC, lignes de pêche.
PAROISSIEN (A.) et Cie, feuilles artificielles.
POISAT oncle et Cie, acide stéarique.
THOLLON, essences factices.

TRENTIÈME SECTION.

Beaux-arts, sculpture, modèles, arts plastiques, mosaïques, émaux.

BONNASSIEUX, l'Amour coupant ses ailes (bronze).
BOYER (V.-P.) et son artiste MARIETTE DE CHASSAGNE, peinture sur
porcelaine d'après H. Vernet.

BRAUN (C.), dessins sur calicot.

CORDIER (C.), tête de nègre (bronze).

DIDIER (F.), dessins pour châles.

GALIMARE (N.-A.), dessins pour vitraux.

LAUTZ (L.), vase d'ivoire sculpté.

LUSSON (A.), vitraux.

MEYNIER, dessins pour châles.

NAZE et Cie, dessins pour indienneries.

PASCAL (Michel), moine présentant le crucifix à deux enfants (groupe en marbre).

PICARD, dessins pour teinture sur coton, laine, etc.

TURGAN (Mme), peinture sur porcelaine.

RÉSUMÉ :

FRANCE.

Grandes médailles, 56. — Médailles de 2e classe, 638. — Mentions honorables, 365.

RÉPARTITION GÉNÉRALE.

	Angleterre.	France.	Autres pays.
Grandes médailles.	80	56	36
Médailles de 2e classe.	1,265	638	1,034
Mentions honorables	920	365 ·	801
Totaux.	2,265	1,059	1,871

NOMBRE DES EXPOSANTS (par approximation).

Angleterre, 9,000. — France, 1,735. — Autres pays, 8,000.

RÉPARTITION GÉNÉRALE DES GRANDES MÉDAILLES.

1re classe. — France, 2 ; — Prusse, 2 ; — Royaume-Uni, 2 ; — Autriche, 1.

2e classe. — France, 2 ; — Royaume-Uni, 1 ; — Toscane ; 1.

3e classe. — France, 4 ; — Etats-Unis, 1 ; — Royaume-Uni, 1.

4e classe. — France, 3 ; — Royaume-Uni, 2.

5e classe. — France, 1 ; — Belgique, 1 ; — Royaume-Uni, 4.

6e classe. — France, 4 ; — Royaume-Uni, 15 ; — Prusse, 2.

RÉSUMÉ.

7e classe. — Royaume-Uni, 3. — Ces trois grandes médailles sont décernées : au prince Albert, pour le modèle de maison d'ouvriers qu'il a exposé ; à MM. Fox et Henderson pour l'exécution, et à M. Paxton pour le dessin du palais de l'Exposition.

8e classe. — France, 3 ; — Royaume-Uni, 5 ; — Autriche, 1.

9e classe. — Royaume-Uni, 4 ; — Etats-Unis, 1.

10e classe, § I. — France, 9 ; — Royaume-Uni, 16 ; — Etats-Unis, 1 ; — Prusse, 1 ; — Suisse, 1 ; — Toscane, 1 ; — Hollande, 1 ; — Bavière, 1.

10e classe, § II. — France, 4 ; — Royaume-Uni, 4 ; — Bavière, 1.

10e classe, § III. — France, 2 ; — Royaume-Uni, 1 ; — Suisse, 1.

Pour la 11e classe, *fils et tissus de coton*, il n'y a pas eu de grande médaille, ni pour les quatre classes suivantes : fils et tissus de laine et étoffes mêlées ; soieries et velours ; fils et tissus de chanvre et de lin ; sellerie, peausserie et fourrure.

16e classe. — Une seule grande médaille, à la France.

17e classe. — Une seule grande médaille à l'imprimerie impériale de la cour d'Autriche, à Vienne.

18e classe. — Pas de grande médaille.

19e classe. — France, 1 ; — Royaume-Uni, 1.

20e classe. — Pas de grande médaille.

21e classe. — Une seule grande médaille, au Royaume-Uni.

22e classe. — France, 4 ; — Royaume-Uni, 5 ; — Prusse, 1 ; — Bavière, 1 ; — Belgique, 1.

23e classe. — France, 6 ; — Royaume-Uni, 6 ; — Zollverein, 3 ; — Russie, 1.

24e classe. — Une seule médaille, à la France.

25e classe. — France, 1 ; — Royaume-Uni, 1.

26e classe. — France, 4 ; — Autriche, 1.

27e classe. — Royaume-Uni, 2 ; — Etats-Romains, 1 ; — Russie, 1.

28e classe. — Royaume-Uni, 2 ; — Etats-Unis, 1.

29e classe. — 2 médailles à la France.

30e classe. — France, 1 ; — Royaume-Uni, 2 ; — Prusse, 1.

TABLE DES MATIÈRES.

Au lecteur.   I

Préambule.   1

Lettre I.   31

Lettre II.   38

Lettre III.   46

Lettre IV.   57

Lettre V.   67

Lettre VI.   78

Lettre VII.   86

Lettre VIII.   95

Lettre IX. 106

Lettre X. 118

Lettre XI. 128

Lettre XII. 139

Lettre XIII. 151

Lettre XIV. 163

Lettre XV. 176

Lettre XVI. 188

Lettre XVII. 198

Lettre XVIII. 215

Rapport à l'Institut. 228

Distribution des récompenses. 286

Liste des exposants récompensés 292

ÉCOLE SUPÉRIEURE DU COMMERCE,

rue Saint-Pierre-Popincourt, 22, à Paris.

Cette école, fondée en 1820 par Chaptal, Laffitte, Ternaux et Casimir Périer, est dirigée depuis vingt-deux ans par M. Blanqui, membre de l'Institut, professeur au Conservatoire des Arts et Métiers. Plus de cinq mille élèves nationaux et étrangers en sont sortis depuis sa fondation; et depuis, patronée par l'État, qui y entretient un certain nombre de boursiers, elle n'a cessé de fournir au commerce une foule de sujets instruits et distingués.

L'enseignement comprend en première ligne l'étude des langues vivantes, parlées et écrites, sous la direction de professeurs du pays de chaque langue, et à l'aide des ressources naturellement offertes à nos nationaux par leurs camarades venus de l'étranger.

La comptabilité, dans toutes ses branches, y forme le second élément de l'instruction professionnelle. Deux professeurs, l'un chargé de la théorie, l'autre des applications, initient les élèves à toutes les branches de cette science aujourd'hui si importante.

Comptabilité agricole, manufacturière, commerciale, financière, les élèves sont tenus de n'en négliger aucune, et ils s'exercent de bonne heure à cette surveillance rigide et minutieuse qui finit par agir sur les caractères et par leur imprimer une sorte de maturité précoce et réfléchie.

L'enseignement de la comptabilité est tout à fait pratique, vers la fin des études. L'élève est établi fictivement dans une place de commerce; on lui confie un capital, il tient ses livres, fait des affaires, achète et vend, d'après les prix courants réels des diverses places de l'Europe mis à sa disposition, et se conduit en tout comme un véritable et sérieux négociant.

On se figurerait difficilement l'influence que cette pratique simulée du commerce exerce sur l'esprit des jeunes gens et les avantages qu'ils en recueillent, en débutant plus tard sur le terrain positif des affaires. Ils y arrivent avec une expérience qui s'est fortifiée par l'étude approfondie du Code de commerce, et plusieurs d'entre eux sont devenus plus tard d'excellents juges consulaires. L'économie politique leur a fait connaître en même temps l'organisation des banques, la manière d'agir des capitaux, l'usage des entrepôts réels ou fictifs, la théorie des fonds publics, et toutes les hautes questions industrielles de nos jours.

Les élèves de l'École supérieure du commerce ne seraient pas à la hauteur de leur tâche, s'ils n'apprenaient aussi à connaître l'origine, la qualité, les variétés, les droits d'entrée de toutes les matières premières. Un musée spécial, entièrement calqué sur le grand musée de la Bourse de Paris, et qui vient de s'augmenter d'une foule de produits nouveaux recueillis à l'Exposition de Londres, leur facilite cette étude pleine d'intérêt.

La chimie leur apprend en même temps à découvrir les sophistications et les fraudes malheureusement trop nombreuses encore dans le commerce.

Nous ne parlerons que pour mémoire des cours accessoires de dessin linéaire, d'écriture, de géographie, d'histoire, de change, de littérature, qui complètent ce vaste enseignement.

Les élèves de l'École du commerce jouissent de l'avantage inappréciable de se placer avec la plus grande facilité, et d'être recherchés avec empressement pour leurs connaissances pratiques. Deux ou trois années suffisent pour leur assurer un avenir indépendant, et chaque jour ajoute à ces chances d'avenir, selon que les jeunes gens apportent plus de zèle dans leurs études et se tirent avec plus d'honneur de leurs derniers examens.

Un conseil de perfectionnement, présidé par le ministre du commerce et composé des hommes les plus éminents dans les sciences et dans l'industrie, procède à ces examens à la fin de chaque année. C'est ce conseil qui distribue les diplômes obtenus à la suite des examens, et qui décerne les médailles d'argent et de bronze accordées par le gouvernement aux élèves les plus distingués.

Les élèves sont reçus à toute époque de l'année depuis l'âge de quatorze ans et au-dessus, *sans examen préliminaire*. S'adresser, pour de plus amples renseignements, et pour le prospectus et le programme de l'École, à M. Blanqui, directeur, rue Saint-Pierre-Popincourt, à Paris.

Paris. — Imprimé par Plon frères, 36, rue de Vaugirard.

CAPELLE,

LIBRAIRE-ÉDITEUR,

Rue Soufflot, 16, près le Panthéon,

à Paris.

—⧓—

(Extrait du Catalogue.)

MICHEL CHEVALIER, PROFESSEUR, MEMBRE DE L'INSTITUT.

Cours d'économie politique, fait au collége de France. 3 beaux vol. in-8. . . . . 24 fr. »

> NOTA. — Le troisième volume contenant LA MONNAIE, publié en 1850, se vend séparément. — *C'est un très-fort volume*... 9 fr. »

Discours prononcé à l'inauguration du cours, et le discours d'ouverture du cours de l'année 1841-42. Se vend séparément. . . . . 1 fr. 25 c.

> NOTA. — Ces deux discours sont les premiers de tous, ils peuvent être considerés comme L'INTRODUCTION aux idées générales de tout le cours.

Lettres sur l'Amérique du Nord. 4e édition augmentée de plusieurs chapitres. 2 forts vol. in-8 avec une carte. 16 fr. »

Des intérêts matériels en France. 6e édition. 1 vol. grand in-18, orné d'une carte des travaux publics . . 3 fr. 50 c.

Essais de politique industrielle. 1 vol. in-8 de 450 p. 6 fr. »

L'Isthme de Panama. Examen historique et géographique des différentes directions suivant lesquelles on pourrait le percer, et des moyens à y employer, suivi d'un aperçu sur l'Isthme de Suez. 1 vol. in-8 avec une carte.. . . . . 4 fr. »

De l'industrie manufacturière en France. In-18. . . 50 c.

Histoire et description des voies de communication aux États-Unis, et des travaux d'art qui en dépendent. 2 très-beaux vol. gr. in-4, chacun d'environ 600 pages; avec un atlas in-folio de 19 planches de grande dimension, gravées sur cuivre. . . . . 50 fr. »

Lettres sur l'organisation du travail, ou ÉTUDES SUR LES PRINCIPALES CAUSES DE LA MISÈRE ET SUR LES MOYENS PROPOSÉS POUR Y REMÉDIER. 1848. 1 tr.-f. et beau vol. gr. in-18 jésus. 4 f. 50 c.

La liberté aux États-Unis. In-8. 1849. . . . . 1 f. »

HENRI RICHELOT, SOUS-CHEF AU MINISTÈRE DU COMMERCE.

L'association douanière allemande. 1 beau vol. in-8. 7 fr: 50 c.

FRÉDÉRIC LIST.

Système national d'économie politique, traduit de l'allemand, par HENRI RICHELOT; avec une préface, une notice biographique et des notes par le traducteur. 1851. 1 très-fort et beau volume in-8 . . . . 8 fr. »

FÉLIX CLAVÉ.

Vie et Portrait de Pie IX; suivi des Oraisons funèbres d'O'Connell et de Graziosi, par le R. P. VENTURA, et de DOCUMENTS OFFICIELS; avec 5 portraits sur bois et la musique du Vessillo (hymne du Pape). 1 très-beau vol. grand in-8 de 555 pages. 7 fr. 50 c.

JULIEN LE ROUSSEAU.

De l'Organisation de la Démocratie, 1850. 1 beau et fort vol. in-8 . . . . 7 fr. 50 c.

FERDINAND DURAND.

Des tendances pacifiques de la société européenne, et du rôle des armées dans l'avenir. 2ᵉ édition augmentée. 1 beau vol. in-8 . . . . 6 fr. »

J. FERRARI, PROFESSEUR DE PHILOSOPHIE.

Vico et l'Italie, 1 gros vol. in-8 . . . . 5 fr. »

Idées sur la politique de Platon et d'Aristote, exposées en quatre leçons à la Faculté des lettres de Strasbourg, suivies d'un discours sur l'histoire de la philosophie à l'époque de la renaissance. In-8 de 124 p. . . . . 2 fr. »

IVAN GOLOVINE.

L'Europe révolutionnaire, 1849. 1 fort et beau vol. gr. in-18 jésus. . . . . 3 fr. 50 c.

La Russie sous Nicolas Iᵉʳ. 1 fort vol. in-8 . . . 7 fr. 50 c.

Types et caractères russes. 2 jolis vol. in-8 . . . . 10 fr. »

Des Économistes et des Socialistes. In-8 . . . . . 1 fr. »

Science de la politique. 1 joli vol. in-8 . . . . 7 fr. »

Esprit de l'Économie politique. 1 vol. in-8 . . . . 5 fr. 50 c.

C. PECQUEUR.

Théorie nouvelle d'Économie sociale et politique, ou Études sur l'organisation des sociétés. 1 très-fort et beau vol. in-8 de 936 pages . . . . 9 fr. »

Paris. — Imprimé par Plon frères, 36, rue de Vaugirard.

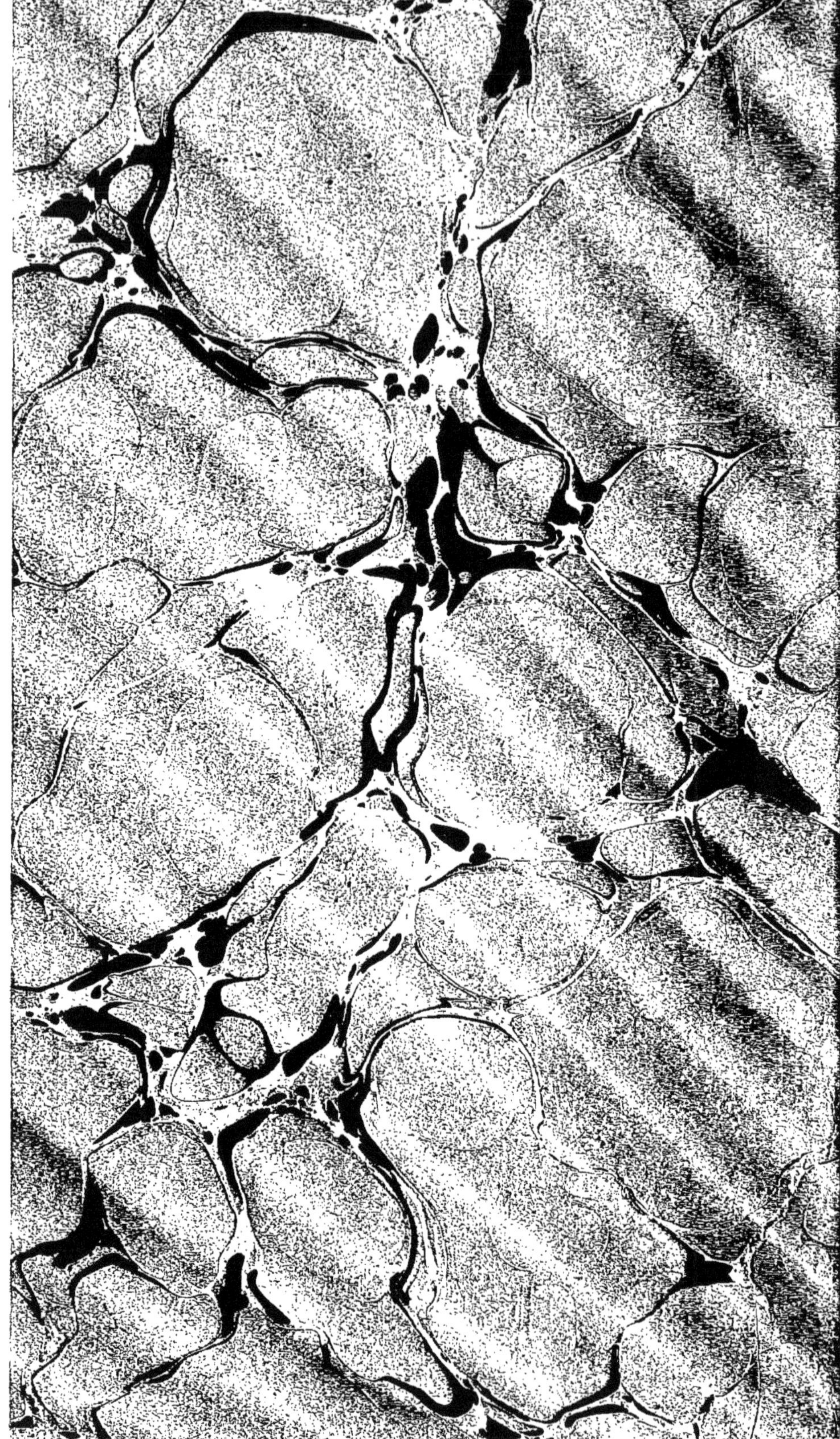

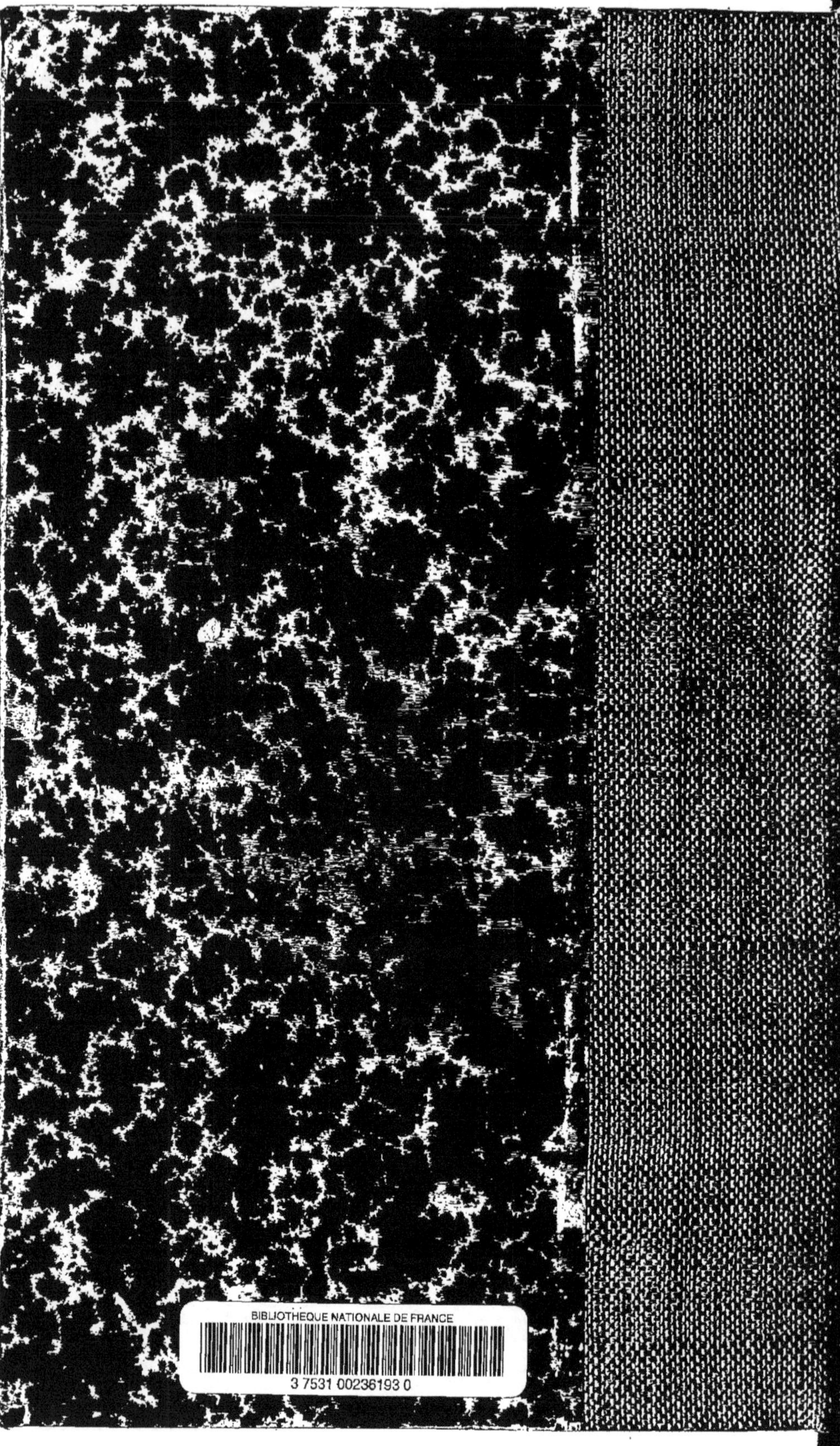